# 神奇的动物世界

墨人 ◎ 编

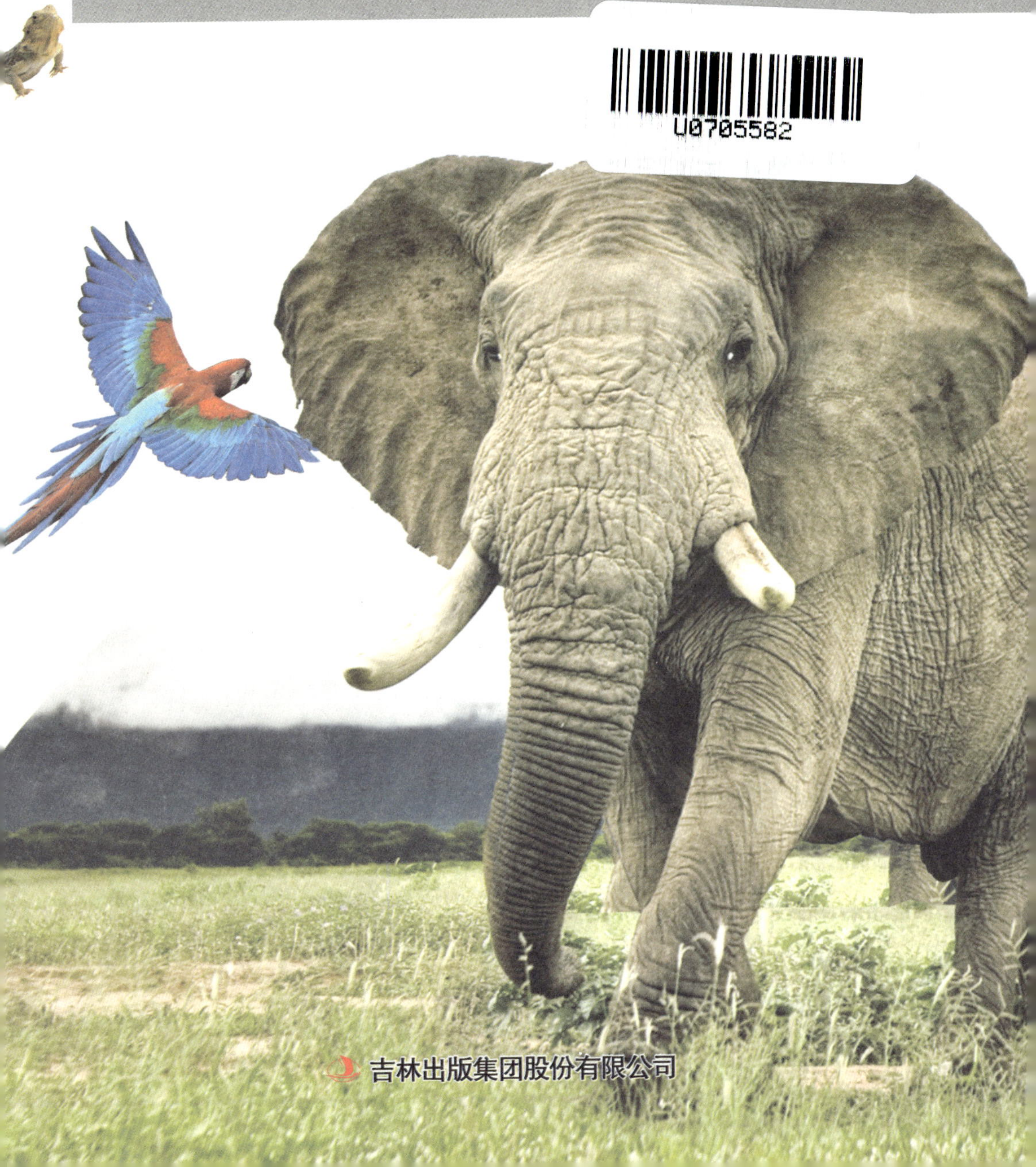

吉林出版集团股份有限公司

图书在版编目(CIP)数据

神奇的动物世界／墨人编．— 长春：吉林出版集团股份有限公司，2010.8
（读好书系列）
ISBN 978-7-5463-3535-3

Ⅰ.①神…  Ⅱ.①墨…  Ⅲ.①动物–普及读物  Ⅳ.①Q95-49

中国版本图书馆 CIP 数据核字（2010）第 149266 号

# 神奇的动物世界
## SHENQI DE DONGWU SHIJIE

| | |
|---|---|
| 编　　者 | 墨　人 |
| 出 版 人 | 吴　强 |
| 责任编辑 | 尤　蕾 |
| 助理编辑 | 杨　帆 |
| 开　　本 | 710mm×1000mm　1/16 |
| 字　　数 | 80 千字 |
| 印　　张 | 7 |
| 版　　次 | 2010 年 8 月第 1 版 |
| 印　　次 | 2022 年 9 月第 3 次印刷 |
| 出　　版 | 吉林出版集团股份有限公司 |
| 发　　行 | 吉林音像出版社有限责任公司 |
| 地　　址 | 长春市南关区福祉大路 5788 号 |
| 电　　话 | 0431-81629667 |
| 印　　刷 | 河北炳烁印刷有限公司 |

ISBN 978-7-5463-3535-3　　　　定价：28.00 元

版权所有　　侵权必究

# 前言

　　地球是茫茫宇宙中一颗最为平凡而又最为不凡的星球。言其平凡,是因为它只是亿万颗行星之一;言其不凡,是因为它作为目前所知唯一的生命载体,成为了人类与所有生命的共同家园。

　　从40亿年前出现的最低等的菌类,到今天活跃的150多万种动物,它们在这颗温和美丽的星球上经历了无数次的分化变迁、优胜劣汰。终于,它们战胜了自然的种种严峻考验,使赤道到两极、雪山到谷地、大陆到海域遍布着它们的踪迹。它们或漫游海底、或奔跑如飞、或翱翔天际,均以其各具特色的完美进化,共同演绎了这个世界的多姿多彩与盎然生机。

　　为了再现动物界的兴衰规律、展现动物界的奇异现象,我们精心编写了这本《神奇的动物世界》,书中以全新的视角与准确、生动的文字,为读者剖析了动物令人匪夷所思的生活习性与鲜为人知的惊人内幕。并配以大量纪实图片,按图文并重、相得益彰的思路科学编排,使整体内容更引人入胜。

　　愿本书能带您走进动物的奇妙世界,聆听它们的独特语言,追踪它们的迁徙之路,感动于它们千古传承的顽强与美丽!

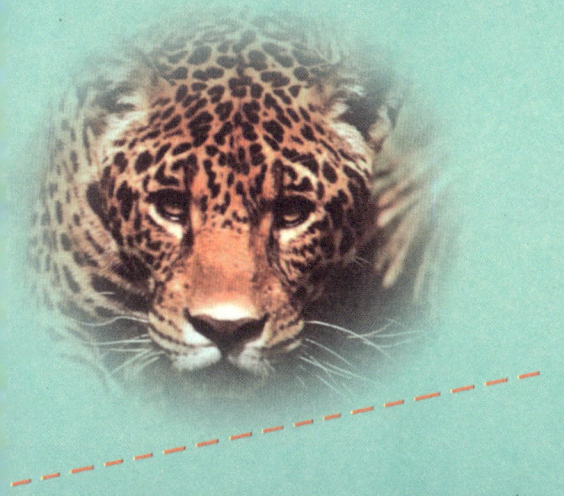

# 前言

# 目录
## MULU

"动物语言"之谜 /1
动物的远航之谜 /3
动物集体自杀之谜 /5
令人费解的动物冬眠 /8
灭不尽的老鼠之谜 /10
鲨鱼救人 /11
恐龙灭绝之谜 /12
动物躯体再生探秘 /13
唱歌的鲸鱼 /14
海龟"自埋"之谜 /15
海豹干尸之谜 /16
神秘的毒蛇朝圣 /17
骆驼为什么耐旱 /18
爱洗"蚂蚁浴"的鸟类 /20
不怕冻的南极鱼 /21
为什么鹦鹉能说话 /22
感人的海豚 /26

北美大蝴蝶迁徙的奥秘 /27
蜘蛛结网 /28
黑熊"跌膘"之谜 /30
睡前跳舞的狐狸 /31
会使用工具的鸟类 /32
林蛙认家之谜 /33
长颈鹿 /34
蛾的本领 /35
杜鹃 /36
灰喜鹊 /37
箭鱼 /38
大嘴巴河马 /39
壁虎 /40
鸵鸟 /41
无齿的食蚁兽 /42
懒猴 /43
猎豹 /44
雄狮 /45
啄木鸟 /46
大鲵 /47
亚洲象 /48
绿孔雀 /51
鲨鱼 /52

| | |
|---|---|
| 穿山甲 | /55 |
| 遗鸥 | /56 |
| 隐纹花松鼠 | /59 |
| 鹳 | /60 |
| 鹤 | /61 |
| 鹦鹉 | /62 |
| 白唇鹿 | /64 |
| 鹰 | /66 |
| 猫头鹰 | /67 |
| 苍鹰 | /68 |
| 雕 | /69 |
| 龟 | /70 |
| 杓鹬 | /71 |
| 信天翁 | /72 |
| 黑鸟 | /73 |
| 鲣鸟 | /74 |
| 企鹅 | /75 |
| 军舰鸟 | /76 |
| 珍珠鸡 | /77 |
| 白鹭 | /78 |
| 鹈鹕 | /79 |
| 燕鸥 | /80 |
| 鸢 | /82 |
| 织布鸟 | /84 |

| | |
|---|---|
| 犀鸟 | /85 |
| 云雀 | /86 |
| 潜鸭 | /87 |
| 美洲鸳鸯 | /88 |
| 中国鸳鸯 | /89 |
| 鸸鹋 | /90 |
| 伯劳 | /91 |
| 燕尾凤蝶 | /92 |
| 鸽子 | /93 |
| 青蛙 | /94 |
| 鳟鱼 | /96 |
| 蝎 | /98 |
| 蜗牛 | /99 |
| 犀牛和犀牛鸟 | /100 |
| 石龙子 | /101 |
| 金丝猴 | /102 |
| 梅花鹿 | /104 |
| 野牦牛 | /105 |
| 羚牛 | /106 |

# "动物语言"之谜

动物之间是怎样进行联络的?它们是以什么作为联络的信号?

科学家经过研究,已了解了一些动物的联络方式。

有些动物会发音,它们以声音作为自己的语言。

马嘶、虎啸、狼嚎、狮吼、猿啼、犬吠,这些都是动物的语言。正在休息或睡眠的猴群,听到在树下放哨的猴发出的声音,就会马上跑得无影无踪。

鸟类的语言很是动听,种类也很多,据说共有两三千种,有些动物学家对鸟语进行了研究,编成了一本《鸟类语言辞典》。

虫也有虫语。蝉、蟋蟀、纺织娘、油葫芦都会鸣叫。大黑艳虫的幼虫无法单独觅食,可它腿上有一个发音装置,饥饿时只要"鸣号",母虫便知该履行喂食的职责了。

有些动物是以气味语言进行联络的。

台湾省南投县埔里镇,每年7月下旬,大量的蝴蝶都来此聚会,形成极为瑰丽的自然景象;云南大理的蝴蝶泉边,每年5月15日这一天,数不清的蝴蝶"欢聚一堂",构成一幅绚丽的画面。是什么力量把蝴蝶们召集在一起呢?原来蝶蛾昆虫在性成熟期,雌虫会分泌出一种挥发性的物质,引诱雄虫,雄虫一嗅到这种气味,便不远万里地来了。

其他动物也有气味语言。被人抓住的老鼠会撒出尿来,如果你以为这是老鼠被吓得"屁滚尿流",那就错了,其实这是老鼠向伙伴发出的信号:此地危险,尽快逃离!

有些动物则用色彩语言进行联络。

蝴蝶飞到哪儿,哪儿就构成了一幅美丽的图画。

鸟类、爬行类、两栖类、鱼类及昆虫都有自己的色彩语言。雄孔雀常在春末夏初开屏,以迷人的尾羽向雌孔雀"求爱"。三棘刺鱼平时呈青灰色,在交配前,雄鱼腹部出现红色,以警告别的雄鱼,赶快逃避;当它追求雌鱼时,则腹部泛红,背呈蓝色,煞是好看;交配、产卵和鱼卵孵化后,其腹部又呈现红色,体色也恢复为青灰色。金翅雀的幼鸟在饥饿时会张口,露出嘴边4个发光的金属颜色的斑点,告诉母亲肚子饿了。

有些动物以动作作为联络信号,它们有一套自己的语言。有一种鹿,它的尾巴的内面是白色的,当尾巴竖起来的时候,肛门的白色区域显得大起来。它的尾巴的每一种动作,都是向别的鹿表示一种特殊的信号。例如:平安无事时,尾巴就垂下不动;表示警戒时,尾巴半抬起来;有危险时,尾巴就完全竖起来。

采蜜的蜜蜂

工蜂发现蜜后,会回来发出信号,其他蜜蜂就会前来采蜜。

塘鹅和许多鸟都是以摇头表示善意;许多鱼以收缩鱼鳍表示友好,张开鱼鳍则是向对方发出警告;蜜蜂也有一套极为独特、严谨的动作语言。

螽斯、蝙蝠、海豚等却是用超声波进行联系,它们有自己的"超声"语言。

海豚的"超声"语言比较复杂。1962年,有人曾记录一群海豚遇到障碍物时的情景:先是一只海豚出去侦察了一番,其他海豚听了侦察报告后,七嘴八舌地展开讨论——当然都是用超声波,最后统一了意见,采取集体行动。

# 动物的远航之谜

　　世界上有许多种动物有着奇异的远航能力。每年6月中旬,夜幕一降临,便可见成群结队的绿海龟从南美洲的巴西沿海出发,历时2个月,行程2 000多公里,到达远航的目的地——面积仅几十平方公里的阿森松岛。它们在这里产完卵后便开始返回巴西沿海。

　　2个月后,小海龟纷纷破壳而出,争先恐后地爬向大海,结伴远航,游回双亲生活的地方——遥远的巴西沿海。它们也会寻本追源,落叶归根。

远航的燕子暂歇于绳上,组成一排奇特的"音符"。

　　在这种奇异的本能上,鸟类也并不逊色。短尾海鸥每年迁徙飞行2次,旅途竟会跨越赤道。4月间它们离开大洋洲的产卵地,经马来群岛、台湾岛、日本群岛、阿留申群岛和美洲西海岸,兜太平洋一大圈,9月间又飞回原产卵地。

　　身长不到4厘米的北极燕鸥习性更是特别,它们在北极营巢,每年6月产卵育雏,而到8月便携儿带女飞往南方。12月到达南极附近,一直等到来年3月,再向北极迁飞,每年飞行3.5万公里,历时7个月。

　　昆虫也有长途迁徙飞行的习性。别看那些小小的昆虫十分弱小,却能飞越很长很长的距离。生活在美国的一种蝶王,竟可迁飞到墨西哥。

冬季来临,天鹅迁往南方。

　　我们知道,燕子作为候鸟的一种,人们对它能准确地寻归旧巢的内在奥秘尚未彻底解开,在100多年来的观察探究中,专家又发现了几则更令人不解的归燕现象。从美国加利福尼亚一个名叫卡比斯克莱罗的小镇南飞过冬的燕子,总是在次年3月19日这天黎明,准时返回该地。人们一直好奇,在科学如此发达进步的今天,火车、飞机有时还会误点,为什么这些南飞万里的归燕,却能在长途迁徙之后正点返巢?

在南美洲的秘鲁有个小城,每年4月至8月的傍晚,当圣保罗教堂的钟声敲响6下之后,便有成千上万只燕子朝阿马斯广场疾速飞来,霎时遮天蔽地,竟把晚霞都盖住了。令人感到不可思议的是:广场附近就有茂密的森林,燕子却一个都不去栖息;不远处镇边的另一个广场,那里环境幽雅,树木繁多,燕子也不肯光顾。

居民注意到这个异常的现象,曾故意跟燕群开了一次不小的玩笑,将广场上的树枝全部砍光,但是到傍晚的时候,随着教堂钟声的余音,燕子又准时地飞来了。只见砍光的树丫枝条上,燕子上下翻飞、盘旋而叫……在这里,即使在不同的月份里,太阳落山的时间不一样,这些成群结队的燕子也会准时聚集在一起。

在中国浙江省绍兴市也有这样的"归燕奇观"。据清末以来的记载,每年的5月中旬以后,每天下午的5时左右,燕子便开始向市区夜宿的地方靠拢。待到6点钟,那最热闹的市区上空,就会一下子聚集起无数的燕子,在天空中形成直径约100多米的聚燕"云朵"。

在大海里自由自在的海龟

各种动物怎么知道它们什么时候应该起程?在漫长的旅途中又凭借什么辨别方向,认识路线?这是揭开迁徙奥秘,揭开奇妙的远航之谜的关键。科学家绞尽了脑汁,可是迄今为止,这些奥秘也尚未能充分揭示出来。

经过千里跋涉,海龟来到沙滩产卵

# 动物集体自杀之谜

1946年10月10日，835头虎鲸凶猛地冲上了阿根廷马德普拉塔城的海滨浴场，结果全部死亡，尸体几乎遍布了整个浴场。又如，1979年7月16日，在加拿大欧斯峡海湾的沙滩上，躺着130多头鲸的尸体。那天，当这批前来"自杀"的鲸突然从海中冲向沙滩时，渔民们驾着渔船，开启水龙头，想阻挡它们冲上沙滩，他们还用绳索，把一些已经冲上沙滩的鲸拖回海里。可是，毫无用处！再如，1980年6月30日上午，有58头巨鲸，游上澳大利亚新南威尔士州北部海岸西尔·罗克斯附近的特雷切里海滩死亡。

除鲸以外，还发现过乌贼"自杀"事件。1976年10月，在美国的科德角湾沿岸的辽阔的海滩上，突然涌来成千上万的乌贼，它们一批接一批地登上海岸集体"自杀"，尸体布满了沙滩，目睹者惊恐万分，无论采取什么办法，都无能为力。可是，事情并没有到此为止。11月，乌贼集体"自杀"事件，沿着大西洋西岸往北蔓延。有时一天竟达10万只之多！如果按每只平均重340克计算，相当于每天损失数十吨的乌贼。这场奇异的现象一直延续了两个多月，直到12月中旬才停止下来。

大批巨头鲸在24小时内先后两次在澳大利亚塔斯马尼亚岛海滩集体搁浅，近130头鲸鱼死亡

100多头鲸鱼和海豚在澳大利亚东南部巴斯海峡国王岛集体自杀

土耳其上千只绵羊集体自杀

1905年的一个风雨交加的夜晚,印度贾廷加村失踪了一头水牛,村民们点着火把四处寻找。突然间,他们的周围落下了成群的鸟,有的还直往火把上扑。饥饿的村民们被这突然发生的事情惊呆了,他们纷纷对天祈祷:"是神送来了这些鸟,帮助我们解除饥饿。"

从那以后,每逢刮风下雨的晚上,村民们就点燃用长长的竹竿做的火把,等待着那扑火鸟群的来临。说来也怪,每当这种时候,总有成千上万只各种各样的鸟儿,对着火把猛扑过来。许多鸟当即死亡,幸存的也不再飞走,静静地让人们捕杀。

鸟类为什么要集体自杀?多年来一直是一个令人费解的谜。近年来,印度动物研究所和阿萨姆邦林业局,为了揭开鸟类自杀之谜,在贾廷加村附近设立了一个鸟类观察中心,修建了一座高高的观察塔。他们收集到的飞到这个村庄寻死的鸟共有18种,有牛背鹭、鸠鸟、啄木鸟和翠鸟等。

观察中心还在这里修建了鸟类图书馆和饲养场,他们把捕捉的活鸟弄来饲养。奇怪的是,来"寻死"的鸟拒绝进食,均在两三天内死亡。

目前,对鸟群自杀的原因众说纷纭。一种意见认为,发生这种现象可能与贾廷加村的地理位置有关。实验表明:黑暗、浓云密雾、降雨和强烈的定向风,是这些鸟类"自杀"必不可少的条件。这种意见是否正确,还有待于科学工作者进一步的探索和证实。

与鲸冲上海滩相反,作为陆上动物的旅鼠奔入大海"集体自杀",也是人们极感兴趣的一个谜!

1868年的一天,一艘轮船在挪威以北的大西洋海面上突然"搁浅"了。船上的人们惊奇地呼喊寻问,不知所措。船长登上船桥——天啊,这哪里是搁浅啊?海面上黑压压的一片，竟是蠕动着的老鼠！它们跑到大海里来干什么呢？不可思议的是，这些鼠类铺盖了海面，层层叠叠，连这硕大的轮船都无法前进了。它们不顾灭顶之灾，争先恐后地前进，这是为何呢？

原来，这些鼠类是生活在挪威、瑞典等国家的一种旅鼠。平时，它们生活在深山里，啃食草木，逢饥荒时，数以万计的旅鼠，四面八方、漫山遍野而来，方圆几百里都成了它们的天下。它们爬山涉水，逃荒他乡，旅鼠所过之处，数万亩的植物、谷禾均被洗劫一空。最后，旅鼠直奔浩瀚的大海。

在澳大利亚昆士兰地区，曾发生过13次规模宏大的旅鼠向大海进军的现象。挪威的生物学家通过观察发现，旅鼠每隔三四年便向海洋进军一次，直到全部葬身海底方告结束。

旅鼠为什么要定期地上演这场投海悲剧呢？它们又为何没有灭绝呢？有些生态科学家认为，旅鼠的生殖能力很强，鼠崽42天即可成熟，又可马上生殖大批的鼠崽，母鼠每年产崽七八次。经过四五年的繁衍，旅鼠家族便又繁盛起来，又开始向海洋大进军。然而，另有一些地理学家说，古时波罗的海与北海都比现在窄，旅鼠便泅水过海寻觅食物。考古学家发现，远古时候，挪威旅鼠曾经在不列颠南部海岸出现。它们在远征大西洋的时候，总是在一定的海面上绕圈转游，仿佛在寻找它们世代居住的故乡。为此，有人提出这样的猜想：挪威旅鼠千里迢迢寻找的正是已经沉没的古陆——大西洲。大西洲地处亚热带，气候温暖，四季如春，有旅鼠丰盛的食物。一万多年前，斯堪的纳维亚半岛与英伦三岛和大西洲互相毗连。沧海桑田，一些相连的陆地脱离开了，大西洲沉没在海底。然而，旅鼠却一直遵循着祖先遗传下来的回归属性，去寻找它们的故乡——哪知道那里已变成了汪洋大海……

有些学者认为旅鼠是为后代留下足够的食物和空间，才选择集体自杀。很多人把旅鼠的这种行为奉为顾全大局、自我牺牲的典范

# 令人费解的动物冬眠

冬眠是一些不耐寒的动物度过不利季节的一种习性。每年霜降前后,气温逐渐降低,池塘中的蛙鸣消失了;令人生畏的蛇也不知盘缩到何处了;长着翅膀的蝙蝠倒挂在阴暗的屋梁或洞壁上,开始了漫长的睡眠;鼹鼠、仓鼠、穴兔、刺猬等也躲入洞穴,进入了一种不吃不动的休眠状态。此时动物的体温降到同气温接近,呼吸和心率极度减慢,新陈代谢降到最低限度。

然而恒温动物与变温动物(冷血动物)的冬眠又有所区别,变温动物的温度由外部的环境决定,它们体温的升高或降低完全是被动的。而恒温动物在冬眠时则能对自己的体温精确而有目的地加以控制。它们能够逐步降低体温,一直降到一定的限度,进入冬眠状态。当它们出眠时便把制造热量的器官充分调动起来,在几小时内把体温恢复到原有水平。

濒临绝种的睡鼠冬眠时娇憨可爱

冬眠的蝙蝠总是倒挂着入睡

仓鼠是一种会冬眠的动物,当温度在 5 ℃以下时,它们就会卷曲身体并进入冬眠

这种恒温冬眠动物所具有的制造热量、补偿体温消耗和保持恒温的高级且复杂的生理现象引起了科学家的注意,并作了不少研究,但迄今为止,有关动物冬眠的诱因和生理机制还是众说纷纭。

行为生理学家把引起动物特有行为的外界信号称为刺激。外界刺激越多,内部本能的适应能力越强。因此,他们认为动物冬眠主要是外界刺激所致。这个刺激主要来自两方面:一是环境温度的降低;二是食物不足。

但有人不同意上述观点,理由是:人工降温并不能保证所有的冬眠动物都冬眠;不少冬眠动物每到冬季就会自动停止或拒绝进食,并非由于食物不足。

科学家用黄鼠进行了研究。他们从正在人工条件下冬眠的黄鼠身上抽出血液,注射到活蹦乱跳的、生活在盛夏的黄鼠静脉中,后者随即进入了冬眠状态。这表明,正在冬眠的黄鼠血液中,可能有一种诱发冬眠的物质。

1983年,有科学家从松鼠脑中抽取了一种抗代谢激素,用这种激素注射到无冬眠习性的小鼠身上时,会明显降低它的代谢率,体温也降至10 ℃左右,看来激素代谢也可能是诱导冬眠的另一因素。

最近,又有科学家从动物细胞膜上的变化这一新角度探讨了冬眠机理,但细胞膜变化与神经传导如何联系、作用,细胞膜变化是否真是冬眠的关键,还有待研究。

总之,要解开冬眠之谜,还有待人们的不懈努力、探索。

冬眠中的青蛙

# 灭不尽的老鼠之谜

世界上有些珍奇动物,尽管人们千方百计地去保护,其仍然处于濒临灭绝的境地,有的已经灭绝。可是有些动物,比如老鼠,虽然人们用各种方法消灭它们,但总是消灭不了,成群的老鼠依然到处活动。

在所有的哺乳动物中,老鼠以数量多、分布范围广而著称。尽管人们在不停地灭鼠,猫、蛇、黄鼠狼、猫头鹰等天敌也在时时刻刻地威胁着它们,但各种鼠群依然存在,有些老鼠甚至变得越来越猖獗。

免疫力强、繁殖能力强、很容易适应环境,是老鼠生存的三大法宝

最近几十年来,人们用各种药物来毒杀老鼠,开始效果还不错,渐渐的这些药物的作用越来越小,甚至有些老鼠竟然不怕老鼠药了。科学家经过实验发现,这些老鼠已经产生了抗药能力,这种能力还可以遗传给幼鼠。老鼠这种极强的适应能力,使科学家感到惊奇不已。

更令人惊奇的是,老鼠还能有效地对付核辐射。第二次世界大战以后,美国在西太平洋的一个岛上进行原子弹爆炸的核试验,爆炸中心不断地向四周散发着致命的射线。几年后,生物学家在这个岛上发现,植物、暗礁下的鱼类,以及泥土中都有放射性物质,唯独老鼠既没有残疾,也没有畸形,而且长得特别肥壮。虽然老鼠的洞穴对核辐射能起一定的防御作用,但老鼠能够经受核辐射的考验,在生理上也确实需要有一定的功底。

老鼠究竟具有什么样的神奇本领,使化学药物无效,核辐射也奈何不得?至今还没有人能够做出完整的科学的回答。

# 鲨鱼救人

众所周知,鲨鱼是海洋中凶猛残忍的鱼,古往今来,在鲨鱼口中丧生的人不计其数。然而,却有消息说,鲨鱼曾在海里救过人,被救的是美国人罗莎琳。

1985年,罗莎琳是佛罗里达州立大学教育系的学生。这年圣诞节假期,她和另外两名同学相约到南太平洋的斐济旅游。一天,她所乘的渡轮漏水,许多人挤上一艘小艇。当看见陆地时,罗莎琳穿着救生衣率先跳入水中,向陆地游去。由于海中风浪太大,她只好抓住一块木板随波逐流。

这时,有一条2米多长的鲨鱼冲了过来,用尖利的牙齿把她的救生衣撕得粉碎,然后围着她团团转。突然,又一条鲨鱼从她身下钻了出来,在她身边穿梭,罗莎琳吓坏了。但是,结局并不像她当时想象的那样悲惨,2条鲨鱼竟一边一条地把她夹在中间,并用头推着她前进。天亮时,她又发现周围有四五条不怀好意的鲨鱼,每当这些鲨鱼冲过来要吃她时,两个"保镖"便冲出去把它们赶走,奋不顾身地保护她。直到当天黄昏时,罗莎琳才被救援的直升飞机救走。她向下看,两条救人的鲨鱼已无影无踪了。

罗莎琳在医院里得知,这一带是鲨鱼出没的海域,跟她一起跳下水的人早已葬身鱼腹。她的奇异遭遇,给生物界留下一个谜:水中恶魔怎会怀有"菩萨心肠",不吃人反而救人呢?

鲨鱼,自古以来就被认为是人类在海洋中的最凶恶的敌害。鲨鱼救人真是一件不可思议的事

# 恐龙灭绝之谜

传统的观点认为,恐龙是最早称霸世界的远古爬行动物。有关专家根据考古发现的恐龙化石推断,它最早出现于2亿年前的三叠中期,是一个拥有数百个属种的庞大种族,它们在地球上活跃了1亿多年,到了6 500多万年前的白垩纪末期,由于自然界的剧变导致了恐龙在地球上灭绝。

对于恐龙灭绝的原因,科学家们提出的解释方案不下10种,目前比较有影响力的主要有以下3种。

美国的贝克认为,6 500万年前,有一颗直径约10公里的小行星落到地球上,发生了巨大的爆炸,威力百倍于最大的氢弹,大量的尘埃被抛上了天空,密集的尘云遮住了天空3个月之久,白天变成黑夜,大量动植物死亡,食物的中断引起了恐龙的大规模灭绝。

美国的弗格逊博士提出了关于恐龙灭绝的新理论。他与同伴用500颗鳄鱼卵进行实验发现,鳄鱼的性别是受精卵温度影响而决定的。

在26 ℃～30 ℃的温度下孵化出来的小鳄鱼都是雌性的,而在34 ℃～36 ℃的温度下孵化出来的小鳄鱼则都是雄性的。据此,他认为与鳄鱼有亲缘关系的恐龙也是由于雌雄比例失调才灭绝的。

生活于白垩纪末期的尖角龙(复原图)

也有科学家认为,恐龙是一种恒温动物,由于地球在白垩纪末期发生了全球性的温度下降,没有毛羽的恐龙无法适应急剧变冷的气候,故大批死亡而灭绝。

恐龙灭绝的原因尚未研究明白,又出现了恐龙是否尚存的新问题,遥远而神秘的恐龙为什么给人类留下了这么多费解的谜?

# 动物躯体再生探秘

生物进化的过程,往往也是一个"物竞天择"的过程,在大自然激烈的竞争中,生物具备了各种各样的本领。其中有一部分生物为了自保,可以舍弃身体中的某一部分,就像下象棋时的"丢卒保车"一样,但过不了多久,身体里又会重新长出被丢掉的部分,这不能不让人惊叹不已。

壁虎在处于险境时,可以折断尾巴,让断掉的尾巴迷惑进攻者,自己则逃进洞穴,夏天未过完,一条新的尾巴就从折断的地方长了出来。

章鱼也有"自断其腕"的本领。平时章鱼的触手是很结实的,当某只触手被人抓住时,这只触手肌肉会痉挛回缩,像被刀切一样地断落下来。掉下来的触手绝望地蠕动,还会用吸盘吸在某种物体上,当然这只是障眼法。章鱼断肢处一般是在整个触手的4/5处,它的触手断掉后,血管极力收缩,自身闭合,避免伤口处流血。自行断肢6小时后,血管开始流通,血液渐渐流过受伤的组织,结实的凝血块将尚未愈合伤口盖好。次日伤口完全愈合后,开始长出新的触手,一个半月后,即可长到原长的1/3。

还有海参,它可以"倾肠倒肚",把内脏抛给"敌人",留下躯壳逃生,过不了多久,它又再造出一副内脏。

若说动物世界的"再生之王",那就要属海绵了。海绵是原始的多细胞动物。它的再生本领是其他生物难以匹敌的,若把海绵切成许许多多的碎块,抛入海中,非但不能损伤它的生命,反而每一个碎块都能独立生活,并逐渐长大形成一个新海绵。即使把海绵捣烂过筛,再混合起来,在良好的条件下,只需几天的时间就可以重新生长成小海绵个体。

研究动物的再生能力,无疑对探讨人的肢体再生途径有很大的启发,然而遗憾的是,人们并没有完全揭开动物再生之谜。

壁虎是日常生活中最常见的躯体可再生动物

# 唱歌的鲸鱼

人们都知道,鲸鱼是没有声带的,它为何会发声,至今还是个未解之谜。至于它能唱出美妙动听的歌,不能不说更令人惊讶不已、迷惑不解。

美国动物学家罗杰·佩恩夫妇经过12年的研究,用水听器记录下大量的鲸鱼在水中的叫声,再以电子计算机加以分析比较,发现鲸鱼确实能唱出美妙动听的歌曲。这种歌曲一般长6分钟至30分钟,将其加快速度14倍播放,声音就像婉转的鸟鸣。

1977年夏季,美国向银河系发射了"旅行者"一号"旅行者"二号航天器,航天器分别有一张能保存10亿年的唱片。唱片除有古典和现代音乐及联合国60个成员国代表用55种不同语言说的问候语外,还有一段鲸鱼的歌。他们希望某一天宇宙内某一个星球的生物能够接到来自地球的信息,除了听到不同人种的语言外,也能欣赏奇妙的鲸鱼之歌。

目前,科学家正在加紧对鲸鱼唱歌的研究。他们发现,鲸鱼在海里无论是单独还是成群地游,唱的都是同样的歌,但节奏不相同,也不是齐唱。将鲸鱼历年唱的歌加以比较,还发现同一年内所有鲸鱼都唱同样的歌,但第二年又都换唱新歌。这些歌逐年演变,接连两年的歌相似之处多些,相隔年代久的则有很大区别。令人惊讶的是,鲸鱼唱的歌还经常有新的内容。但无论这些新变化如何复杂,所有的鲸都能相互跟上来,每年唱同样的歌。即便是地理上相隔很远,大西洋百慕大群岛的鲸与太平洋夏威夷群岛的鲸的歌初听好像两样,但经过分析,歌曲的结构和变化规律都是相同的。

跃水而出的鲸鱼发出串串有节奏的叫声,仿佛在演唱一首高昂的乐曲

科学家曾对座头鲸跟踪观察6个月,做了大量的水下录音和摄影,发现鲸鱼每年回游之后返回原地时先是唱去年的歌,然后才逐渐变化,只有繁殖期间的歌曲没有变化。

除歌曲外,科学家还记录了鲸的吼叫、呼喊、哀鸣等其他发声。这些发声往往伴随着鲸的一些特别行为,这可能还有某种值得探索的含义。要想揭示出其中的含义,还需要后人继续努力。

# 海龟"自埋"之谜

1984年2月3日,在美国佛罗里达州的帕耳姆海滨,潜水员罗丝在20多米深的海底发现了一个将自己的整个躯体埋入淤泥、只露出一小块背甲的海龟,罗丝当时就用照相机拍下了这一情景。当罗丝试图把海龟挖出时,它却慢吞吞醒来,抖掉泥土,转身游了起来。不久,罗丝又发现了另外一只"自埋"的大海龟。与此同时,罗丝的同伴也发现了两只"自埋"的活的大雌海龟。

最近,在美国佛罗里达州东海岸的加纳维拉尔海峡,也有人发现了将身躯埋在淤泥下的活海龟。

这一奇特的海龟"自埋"现象,引起了海洋生物学家的注意,并纷纷作出了推测。

有人认为,海龟"自埋"是其冬眠的一种形式。但罗丝等潜水员所发现的海龟"自埋"只不过是一个短暂现象。据此,有人提出海龟"自埋"是冬眠的说法不够充分。

还有的科学家通过观察发现,在一些个体较大的雄海龟身上常常寄生着大量的藤壶,因而推断,海龟"自埋"是为了摆脱藤壶,使藤壶在淤泥中因缺氧而死去。然而,另一些科学家却指出,海龟"自埋"常常露出背部和尾部,所以寄生在这两个部位的藤壶依然存活,况且据罗丝等潜水员的发现,"自埋"的海龟也有雌性,所以海龟"自埋"是为了摆脱藤壶的说法也不足取。

接着,又有人提出了海龟"自埋"是其在冰冷的海水中自我取暖的推测。然而,根据罗丝的记录,海龟"自埋"的海底水深是27.4米,水温是21.7 ℃,这就否定了上述推测。

那么,海龟"自埋"究竟是为了什么?是否有海龟埋到使人见不到的深度?海龟的"自埋"现象是偶然的还是经常发生的?对此,我们还没有更多的了解。

埋在泥土里的小海龟

# 海豹干尸之谜

海豹的干尸是在著名的海豹之乡——南极洲发现的。科学家在那里考察时发现，平均每平方公里竟能见到144头海豹，整个南极洲的海豹总数估计有5 000万头至7 000万头。所以能在那里见到众多的海豹干尸也是很自然的事了。

然而，令人奇怪的是，众多的海豹干尸不是在海滩上被发现，而是发现在远离海岸大约60公里的干谷里。

海豹的干尸如同人的干尸一样，身体形状完整无缺

更令人迷惑不解的是，在好几种海豹中，变成干尸的却只有食蟹海豹和威德尔海豹两种，难道是因为它们在此处数量上占绝对优势的缘故吗？抑或还有什么别的原因。考察人员还发现，形成干尸的海豹多数体长只有1米左右，属于幼年海豹，而成年海豹的数量极少，这又是为什么呢？

海豹的干尸如同人的干尸一样，身体形状完整无缺，没有任何腐烂。于是海豹的干尸成因就成为科学工作者最感兴趣的谜之一。

另外，关于海豹干尸形成的确切年代，至今也没有定论。科学家们用碳-14进行了测定，发现它们已经存在了1210年左右，但是当科学家对同种海豹，用同样的年代测定方法进行测定时，只测出了几百年的数值。孰是孰非，还难以断定，望有志者能尽快揭开这个谜。

# 神秘的毒蛇朝圣

信仰宗教的人都要定期礼拜。但是，令人难以置信的是，毒蛇也会定期"朝圣"。

这种怪事发生在希腊的西法罗尼亚岛上，每年8月6日到8月15日，竟有数以千计的毒蛇从悬崖峭壁和山林洞穴中倾巢而出，纷纷爬往岛上的两座教堂，它们盘踞在教堂的圣像下面，逗留10天左右才纷纷离开。这些毒蛇在教堂期间从不伤害人，似乎是"弃恶从善"了。

令人惊奇的是，毒蛇每年1次出现的时间，正与希腊重要的宗教节日相同。8月6日是希腊人纪念上帝的节日，8月15日是纪念圣女的日子。更令人迷惑不解的是，这些毒蛇的头上，都有一个像十字架形状的记号，而且，这种毒蛇朝圣的现象至今已持续了120年。人们对此百思不得其解，因而就流传下了这样的传说：

在许多年前，一群海盗劫掠西法罗尼亚海岛，并且把岛上的24名修女禁锢起来。圣母得知这一情况，为使手无寸铁的修女免遭侮辱，就把她们变成了蛇，海盗的愿望落空了。从此，每逢8月6日—8月15日，为了报答圣母的恩情，毒蛇总要到教堂"朝圣"。

这虽然只是一个传说，但希腊西法罗尼亚岛上的人与毒蛇和平共处却是真的。有些人甚至认为毒蛇有驱邪治病的神力而触摸它们，甚至将其缚绕在身上。奇怪的是，毒蛇任凭人们逗引，十分温顺，从不伤人。

随着传播媒介的不断发达，世界各地越来越多的人都知道了希腊西法罗尼亚岛上的怪事，每年到此旅游，期望目睹这一奇迹的人越来越多。

然而，为什么会发生这种毒蛇"朝圣"现象？一直是无法搞清楚的一个谜，甚至连能自圆其说的推测、假说、解释也没有！

历来，毒蛇一直是人们望而生畏的动物，它们的"朝圣"行为令人感到匪夷所思

# 骆驼为什么耐旱

骆驼是人们在沙漠之旅中不可缺少的伴侣,它因具有能够忍耐酷热干燥的环境,能在水源贫乏、昼夜温差无常的浩瀚沙漠里长途跋涉等特点,而获得了"沙漠之舟"的称号。人们需要骆驼,喜爱骆驼,同样也渴望了解骆驼耐旱的秘密。

在沙漠中昂首天外、傲视世俗的骆驼。

意大利的自然科学家普林尼提出了"水囊"说,这是解释骆驼耐旱的最早的理论。他认为骆驼是反刍动物,它的真胃有3个室,其中最大一个是瘤胃,里面有许多肌肉带将瘤胃分隔成几个部分,使其起"水囊"的作用。在取水方便时,"水囊"便贮存一些水,以备口渴时用。

然而这一理论很快就被美国生理学家施密特·尼尔森所推翻。他通过解剖发现,

在环境极为恶劣的沙漠中,唯有骆驼能够自由行走

"水囊"并不能有效地与瘤胃的其余部分隔开,其容积也太小,起不到"水囊"的作用。他认为骆驼耐旱的秘密在于经得住脱水,人类在沙漠中,失去过多的水就会中暑甚至死亡,而骆驼即便脱水达体重的25%,也只是减少体重,依然能够生存,这是因为什么呢?尼尔森的解释是:人脱水,血液就会变黏稠,对心脏造成负担,而骆驼失去的水,却不是来自血液,而是其他体液和组织。而且脱水的骆驼一旦补充了水分,就会马上得到恢复。

尼尔森的观点似乎可以合理地解释骆驼为何耐旱了,但是,持有其他观点的人也不在少数,而且他们的观点似乎也有一定道理。

有的学者认为贮存在骆驼峰中的脂肪可以氧化成水,1克脂肪氧化以后可产生1.37克水,因此推测一只骆驼的驼峰中大约存有40公斤的脂肪,也就相当于背了大约54公斤的贮存水。

在浩瀚无垠的沙漠里,树无一棵,草无一片,唯有似火的骄阳。此时,才能理解"沙漠之舟"的真正含义和骆驼顽强的生命力

日本学者太田次郎在《生命的奥秘》中认为,骆驼耐旱要归功于它出色的保水能力,因为骆驼除了在一天中最热时出汗,通常不出汗,体温也不上升。

还有学者认为骆驼排尿少,也是它耐旱的一个原因。它的肝脏能把大部分尿液再循环,而不造成尿中毒。

最近,科学家又发现了骆驼另一个重要的保水系统,它能降低呼气的湿润度,从而节约水分。这个系统的关键部位就是骆驼得天独厚

的鼻子。一般动物呼气时,身体丧失水分,因为排出的空气温度和体温相同,包含从肺部吸收的水汽,而骆驼通过呼吸丧失的水分比一般动物少45%。

以上林林总总都是人们对骆驼耐旱原因的探索,然而骆驼耐旱的谜底仍未揭晓,骆驼真是耐人寻味的"沙漠之舟"啊。

# 爱洗"蚂蚁浴"的鸟类

在一大群蚂蚁中，2只椋鸟舒展开羽毛，不住地翻转着身体，一会儿身体这一侧躺在蚂蚁群里，一会儿另一侧扑倒在地，舒服得吱吱直叫。

原来椋鸟在进行"蚂蚁浴"。

除椋鸟外，鸫、鸥鸲、河鸟、松鸦、乌鸦、鹦鹉等大陆上的许多鸟类，以及所有的陆禽，都利用蚂蚁来清洗自己的羽毛。它们有时把蚂蚁置于翅膀下，有时则直接用蚂蚁来搓擦羽毛，还有的鸟儿则干脆躺在蚂蚁窝里"洗澡"。

所有会"蚂蚁浴"的鸟的做法都差不多。加拿大的鸟类学家格·艾沃尔写道："鸟儿用嘴尖捕捉蚂蚁。它们的眼睛闭着，翅膀远远地向四周舒展开。它们的飞羽末端紧贴着地面，与喙呈水平状态，尾巴向下弯曲，几乎贴在鸟肚上。有时它们用爪子踏住自己的尾巴，高兴地翻起筋斗或侧身倒下。它们的动作滑稽极了，任何人看见那逗人的举动，都会捧腹大笑。"

丝光椋鸟

松鸦

鸟类进行"蚂蚁浴"完全出于本能，那些从没有见过蚂蚁的刚出世的新一代鸟儿也这样使用蚂蚁洗澡就能说明这一点。刚学会飞翔的椋鸟幼鸟第一次碰见蚂蚁，就一个接一个地捉住它们往翅膀下塞。河鸟的幼鸟也是这样。

更有趣的是，当鸟儿找不到蚂蚁时，它们就以其他含酸的昆虫或植物来代替。驯熟的椋鸟可以用一小块一小块柠檬搓擦羽毛，并且极力想跳进装醋的盘子，甚至装啤酒的杯子里去洗澡。驯熟的松鸦也喜欢到橙子汁里去沐浴，当主人削橙子皮时，它会飞来，并张开翅膀扑打着橙子汁的飞沫。

驯熟的喜鹊能用蚂蚁和烟草的混合物作为每天的涂擦物。它从花园里衔来满嘴蚂蚁，停在喜欢抽烟斗的主人肩上。它把一嘴蚂蚁浸在烟灰里，然后用这独特的"雪花膏"涂擦自己的翅膀。一些鸟类在没有蚂蚁的情况下用的"化妆代用品"有甲虫、两栖虾、面虫、臭虫、椴树皮、各种野菜、苹果皮、核桃皮和篝火的烟尘，甚至臭樟脑等。

鸟类使用的一切"化妆品"，都含有酸性和碱性物质，这给我们解释了"蚂蚁浴"的全部含义。

# 不怕冻的南极鱼

在浮冰成片的南大洋栖息着南极鳕鱼、松浮鱼、蛇齿鱼、南极多斑鱼等100多种鱼类，这些鱼体形小，一般体长只有25厘米，生长速度缓慢，多数系底栖性鱼类。

人的血清在－0.56 ℃就会冻结，一般鱼类也大致相同。但是，冬天生活在南大洋中的鱼类却能经受－2 ℃左右的低温而安然无恙。海水的冰点约为－1.85 ℃，为什么南极鱼的血清在这一温度下不会冻结呢？原来，在这些鱼的血液中存在着一种抗冻蛋白。有趣的是，一到夏天，随着海水温度的上升，这类鱼的脑垂体将会自己调节，使血液中不再产生抗冻蛋白。

20世纪70年代，美国加利福尼亚大学的费尔教授等人从南极的一种鳕鱼的血液中，分离出8种分子量不同的抗冻糖蛋白，发现它们不同程度地具有使水难以冻结的特点。科学家经过实验发现，如果将抗冻糖蛋白从南极鱼的血液中除去，那么它的血液与一般血液没有多大区别，也会在同样的温度下结冰。

抗冻糖蛋白是一种高分子量物质，即使溶解的质量稍多些，摩尔浓度也是非常低的，而血液基本上仍保持着相同的张力。那么，为什么抗冻糖蛋白的浓度如此之小，却能使血液的凝固点发生这样大幅度的下降呢？显然，这一事实用传统的"溶液的凝固点降低理论"是无法解释的。费尔教授等人认为，这是因为抗冻糖蛋白分子能挤入互相靠近的两个细微冰晶体的间隙中，从而阻止了冰晶体的生长，即抗冻糖蛋白分子吸附于界面，阻止了水分子向冰晶体方向移动，使凝固点大幅度降低。因此，南极鱼不怕冻。

南极鳕鱼

栖息在南极海洋深层的鱼类

# 为什么鹦鹉能说话

1 1984年3月,美联社曾报道一则新闻:在美国得克萨斯州的贝敦,某人家夜晚被撬窃。受害者报告警察说,他家被盗窃时,有一只鹦鹉在场,被盗以后,鹦鹉不断重复这样一句话:"到这儿来,罗伯特,到这儿来,罗尼。"根据鹦鹉提供的这两个名字,加上从现场取得的指纹,警察很快就破了案,抓住了两个惯窃犯,一个名叫罗伯特,一个名叫罗尼。

鹦鹉是一类色彩艳丽的鸟

更有趣的是一位叫朱·海特的英国妇女饲养的一只鹦鹉。1980年的一天,这只鹦鹉在树林中飞迷了路,被一个农民捉住。鹦鹉到农民家后,反复念叨一个6位数字。农民感到很奇怪,心想,莫非这是个电话号码?他试着按这个数字拨打电话,果然找到了鹦鹉的女主人。

1981年,美国曾举行过一次别开生面的动物"说话"比赛。赛场上,数千只各色鸟儿竞相学舌,最后,一只名叫普鲁德尔的非洲灰鹦鹉夺得冠军。它一口气"说"了1 000个不同的英语单词,被誉为"最会说话的鸟儿"。

这些故事,常常使人们感到迷惑:这些聪明的鸟儿,是否真的懂得所"说"话语的含义?它们能像我们一样用语言来表达自己的愿望,改变自己的环境吗?

在古代,不少人相信能说话的鸟真懂人语,而且通人性。"耳聪心慧舌端巧,鸟语人言无不通。"这是唐代诗人白居易对它们的赞美。到了现代,由于动物学、生理学、解剖学等研究,大多数科学家对此持否定态度。科学家指出,鹦鹉和其他鸟类的学舌,仅仅是一种模仿行为,也叫效鸣。鸟类没有发达的大脑皮层,控制其鸣叫的中枢位于比较低级的纹状体组织。因而它们不可能懂得人类语言的含义,也不可能运用这些语言,科学家做了一系列实验,都证实了这一点。

然而,还有少数科学家在继续探索这个问题。特别是近几年来,教大猩猩、黑猩猩学习说话的研究取得了引人注目的进展,打破了动物不能学会人类语言的传统观念。这使一些研究者对鹦鹉学舌的问题产生了新的想法。美国帕杜大学心理学家爱伦·皮普伯格就是这些研究者中的杰出代表。

爱伦认为,过去的实验方法有一个共同的缺点,即研究者都用实物来奖励鹦鹉"学习",这就使得它们为取得食物而学舌,形成单纯从声音上模仿的条件反射。这样,实验中就反映不出鹦鹉是否能理解所学语言的意义。

动物行为学家发现,幼小的鸟开始学习鸣叫时和婴儿牙牙学语的情形很相似。起先,它们着重于发音的模仿,并不注意鸣声的含义。后来,通过和"亲鸟"对话,交流信息,才逐渐掌握各种鸣声的含义。根据动物行为研究的这一最新成果,爱伦设计了新的实验方法。1978年,她和学生从当地的小动物市场中选购了一只年龄为13个月的非洲灰鹦鹉,取名叫爱列克斯,并开始对它进行实验。

爱伦设计的新"教学"法,叫作"对话—竞争"法。在教学中,由两个人分别担任不同的"角色",一个当鹦鹉的"教师",另一个当鹦鹉的"竞争者",通过对话来进行教学。

每一次,都通过对话的方式,通过实物显示来"教"单词,这样就避免鹦鹉单纯从声音上模仿,为帮助它"理解"词的含义创造条件。

在教鹦鹉学生词时,研究者总是挑选鹦鹉感兴趣的东西,像闪闪发光的钥匙、鹦鹉爱啄的木片、软木等,这样能提高它的学习兴趣。研究者还通过变换句型,用不同的句子来强调要教的同一个词,例如,教它讲"纸"这个词,就运用"这是一张纸""这是你的纸""好大的一张纸"等句子。

对爱列克斯进行一天4个小时的正规教学,其余的时间让它生活在人们中间,让它自由自在地玩、说话、听话。爱列克斯很喜欢玩具,爱伦就为它准备了一个玩具箱,里面有塑料小动物、彩色木片、木衣夹子、纸、小块皮革、钥匙等。爱列克斯常常把箱中的玩具啄出来玩,扔在地上,有时它还反复啄一块木片或软木,把它们啄得粉碎。这样,就为它提供了许多与人"交谈"的机会。

研究小组避免用食物奖励鹦鹉,使鹦鹉的"学习"和吃食不发生直接联系。有时爱伦也奖励鹦鹉,当它正确地说出一样东西的名称后,就给它玩这一东西,以提高鹦鹉说话的积极性。经过一年"教学"之后,研究小组取得了可喜的进展。

1979年,爱列克斯已经能正确地识别和说出23种东西的名称,如纸、木片、钥匙等。把这些东西放在面前,它能一一识别,并分别说出名称。它还能认识和说5种不同的颜色:红色、绿色、蓝色、灰色、黄色。能识别和说出4种形状:"两角形"(橄榄球形)、三角形、四角形(正方形)、五角形(正五边形)。它能数5以内的数字,还会说"喂""过来""不""这是什么?""什么颜色?""多少?"等。它会把"要……"和一样东西的名词组合起来,把"要去……"和一个地方的名词组合起来,提出要什么或要去什么地方。

爱列克斯认识了木片、纸、皮革之后,无论是大张大块的纸、木片、皮革,还是零碎的,它都能识别。它认识了颜色和形状之后,会说从未见过的东西的颜色、形状,例如研究人员衣服上的纽扣。这表明它已经具有初步的分类概念。

为了了解爱列克斯"学习"的成绩,研究人员每星期对它进行两次测验。每次时间为1个多小时。测验的题目是向它提出各种问题,识别物体的名称、颜色、形状等。根据它的回答,给予客观的评分。结果,它的成绩是75分到80分。

在研究中,爱列克斯还表现出惊人的"自学"能力。

有一次,爱列克斯瞧着镜子发呆。它面对镜子里自己的映像,"自言自语"地问道:"这是什么?什么颜色?"旁边的研究员就回答说:"这是灰色。你是一只灰色的鹦鹉。"研究员把这一回答重复了3遍,没想到爱列克斯就此学会了"灰色的"这个词。以后,凡是见到灰色的物体,它都能用"灰色的"来描述。这说明它已牢固地掌握了"灰色"这个概念。

爱列克斯学会说"不"的过程也很有趣。起先,在"教学"中,每当它不愿意再学下去时,总是"嘎嘎"乱叫,或是把它识别的东西扔在地上。"教学"的第2年,可能因为常常听到人们说"不"这个词,它也开始用很含糊的发音说"不"。起先是不分场合的,后来它就把"不"用到和人们的对话中,如果用得正确,就会得到人们的称赞。不久它就能正确地使用"不"。每当它不愿意再学习下去,或对提出的问题、出示的物体不感兴趣时,就会回答一声:"不。"然后堂而皇之地飞走,弄得"教师"哭笑不得。

学会不少词汇后,爱列克斯能把词组合起来,用来描述新奇的东西。它第一次看到蓝色封面的笔记本,就叫它"蓝色皮革"。

在爱列克斯所有的能力中,智力水平最高的大概是它的"数学能力"。据研究,在鸟类中,鹦鹉的数学能力最强,在对实物个数进行比较的实验中,它们能区别出"7"和"8"。鸽子最多只能区别"4"与"5"。鸡的能力更差,只能区别"1"和"2"。在以往的实验中,鸟类是通过某一训练的动作(如啄地面),来表示自己的判断的。爱列克斯与它们不同,它能用语言来数数,能准确地说出"5"以内的数,能说出"三张纸""四块木片"等数量和名词结合起来的短句。然而,它有时也会把"三块木片"和"三角形木片"混淆起来。难度最大的测验是把一些形状、颜色都很接近的物体混放在一起,例如把绿色的三角形木片和蓝色的正方形皮革放在一起,让它一一识别。爱列克斯的成绩也在80分上下。

对爱列克斯的"教学"和研究虽然取得了很大成功,然而爱伦认为,到目前为止,还不能下这样的结论:爱列克斯是一只能够说话的鸟。在教动物说话的实验

两只窃窃私语的鹦鹉

中,科学家碰到最大的困难,是动物不具备对语言进行"分解"的能力。它们虽然能学会一些句子,但不能把句子分解成一些相互独立的单位,再把这些单位组成千变万化的句子。它们有的能做一些换词练习,把"我要纸"换成"我要木片""我要钥匙"等。可是不能把"我是波利""我想吃巧克力""那是香草巧克力"三个句子组合成"波利想吃香草巧克力"的新句子。爱列克斯也没有这样的能力。

但是,爱列克斯能利用学会的语言向人们提出要求,影响人们的行为。这种用语言改变自己处境的行为,是很引人注目的。迄今为止,在实验室里,只有大猩猩和黑猩猩曾经表现过这样的行为,而且它们都是靠手势语或键盘语来"说话"的。相比之下,爱列克斯比它们高明,它是用地道的英语来"说话"、来"请求"的。

研究组对鹦鹉"说话"的研究充满了信心。他们拟定长远计划,列出了许多有趣的课题,如:鹦鹉能不能掌握比较抽象的概念,像"大"与"小"、"硬"与"软"?它们能不能发展自己的数学"天赋",数到"8"、"9""10",甚至学习加减法?它们能不能看懂平面的照片或图像,弄懂二维的平面图像和三维的立体图像之间的关系?它们能不能区分两个物体的相同与不同之处?它们能不能把自己学会的"语言"传授给另一只鹦鹉?

鹦鹉会与其他鹦鹉慷慨地分享自己的食物

# 感人的海豚

海豚是大海中既聪明又善良的动物。在很久以前海豚就和人类结下不解之缘,许多国家的城市都有它的塑像,而希腊人在公元前4世纪就把海豚的画面镌刻在他们的钱币上。这些既表达了人类对于海豚的感恩之情,同时也给海豚增加了神秘色彩。海豚不但会与人在水中嬉戏,让人抚摸,而且会帮助人类捕鱼。当人们身陷狂涛恶浪之中时,它们又会挺身而出,把溺水的人救上岸去。

1943年,美国杂志刊登了第一篇海豚救人的报道:一个律师的妻子在佛罗里达州岸边游泳,不慎被浪涛卷走。她被淹得糊里糊涂之时,觉得仿佛有人把她往岸上推。她到了岸上之后,打算感谢她的救命恩人,可是周围却没有一个人影。一个走到岸边来的人对她说,救她的是一头海豚,她这才恍然大悟。

海豚亮亮的眼睛闪耀着和蔼的光芒,它性格善良,是著名的海洋动物救险家

海豚不但会把溺水者推到岸边,而且在遇上鲨鱼吃人时,它们也会见义勇为,挺身相救。佛罗里达州的兰波夫妇,一天乘游艇在近岸处游玩,不幸发动机发生故障,小艇无法控制,只好随波逐流,漂向海洋深处。第二天,一群鲨鱼把兰波夫妇团团围住。两人正在呼救无门之际,好多海豚突然出现。它们齐心协力驱散那些鲨鱼,并在小艇四周护卫着。到了第五天,风向变了,小艇被吹近海岸,那些海豚才依依不舍地离开。

海豚这种救死扶危、助人为乐的精神,究竟是怎么回事呢?目前最流行的说法是:海豚的这种行为可能是出于它的本能。因为通过实验观察,海豚这种推物行动,是不问对象的,甚至对各种无生命的物体也一视同仁。曾经有过海豚推送一只死了的海龟、一段木头、一个气垫等事例。因此,如果引起推物动作的外界刺激因素,不是鲨鱼,不是同类,而是人的时候,它们当然也会同样对待。

# 北美大蝴蝶迁徙的奥秘

在北美有一种奇特的蝴蝶,它每年都会根据季节气候的变化,有组织地定期迁徙。冬天到来之前,这种黑、白、橙3色相间的大蝴蝶,便离开家乡加拿大,飞越美国,来到温暖的墨西哥过冬。这些飞行能力极强的远方来客,一来就是几千万。它们起程前,先在家乡饱餐一顿花蜜,随即以每天160千米的速度,浩浩荡荡"挥师南下"。

据考证,这种蝴蝶大迁徙的现象,已存在了1万多年,不过只是到20世纪70年代才引起生物学家的注意。1975年墨西哥政府进行生态普查时,发现了大蝴蝶的密集落脚点,那就是墨西哥中部山区的一些枞树林。

当群蝶到达目的地时,宛如万朵飞花从天而降,一瞬间棵棵枞树上密密麻麻落满了大蝴蝶,远远望去,大片树林里好像铺上了一张张色彩斑斓的大花毯,蔚为壮观。到了来年4月,这些蝴蝶又开始启程北上,返回北方的老家。昆虫学家发现,这种蝴蝶每年可繁衍3代至5代,而只有最后一代才南飞。

为保护大蝴蝶,现在墨西哥政府的生物研究和生态保护机构将大片林区划为保护区供蝴蝶避寒。以伐木为生的区内居民则由政府协助转业。

大批蝴蝶从天而降的奇观吸引了许多观光者。当地居民在导游、出售蝴蝶形手工艺品方面的经济收益已超过了原来的伐木收入。

南非大蝴蝶季节性迁飞,浩浩荡荡,很有组织地遵循着一定的飞行路线

为什么这种大蝴蝶每年要进行一次大规模的迁徙呢?昆虫学家经过初步研究认为,上一次冰河期在北美洲结束以后,蝴蝶的觅食区便逐渐北移,到了冬天它们便南下避寒。它们之所以选择墨西哥中部山区落脚,可能是因为那里有丰富的铁矿,形成一个强大的磁场,吸引北美蝴蝶来这里越冬,从而形成了这种罕见的蝴蝶大迁徙的壮观景象。

# 蜘蛛结网

蜘蛛网为人们所熟悉，可是你知道蜘蛛是怎样结网的吗？

蜘蛛属于节肢动物门，它有8条腿，腹部后端有6个吐丝器。蜘蛛结网是不需要学习的，这项本领与年龄无关，大蜘蛛结起网来，并不比它的弟弟妹妹好。丝是有黏性的，从6个吐丝器中分泌出来。吐丝器的外部总共有1 000多个小孔。每个小孔分泌出一滴细滴，细滴遇空气就变硬成丝，1 000多根细丝合并成1根有黏性的细丝，这合并成的细丝仍然是很细的，大约只有人头发的1/10粗。

动物王国中的纺织高手——蜘蛛

正在织网的蜘蛛

大蜘蛛在傍晚结网，而小蜘蛛则在白天。它们先在树枝四周固定一些丝，这些丝是它们用后腿从吐丝器抽出而固定在树枝或树叶上的。另外，总有一根特殊的丝通过那四周围绕着的面，丝的中间，有一个少许丝组成的白点，这是将来的网的中心。于是，它就从边上拉着一根丝沿着已结好的丝走，走到中心，再拉紧，多余的长度聚到中央的白点那里，然后从中心走到边上，重复上面的方法，走到再过去些的地方，加上一条辐线。当它在一边加上几条辐线后，就到相对的另一面去加上几条辐线，以保持平衡。辐线的数目依蜘蛛的种类而定，角蜘的网有21条辐线，有带的蜘蛛有32条，丝蜘有42条，这些数目很少有变化。蜘蛛所拉的辐线把一个圆圈分成许多等份，每2条相邻的辐线间的角度大致相等。

在拉好了一个许多半径等分的圆圈后，蜘蛛就从中心向外，绕着圈子盘旋起来，用一根极细的丝在辐线上做出一螺旋

蜘蛛织好网，静等美味的食物来临

线，这个从中心开始向外盘旋做出的丝只是临时的辅助线，以后还要拆除的。然后，蜘蛛走到外圈，再从外圈盘旋着走向中心，走时就在辐线上放上最后成网的螺旋线。在盘旋着走时，脚就置于辐线和辅助线上，它走到每个地方的辅助线时，就抓起这些丝，把它们聚成小球，置于各个前边的辐线上，所以辐线上就有了许多的小点。由外面盘旋着向中心作的螺旋线越到近中心的地方，每圈间的距离也越密，然后就中断了，但是在中心部分的辅助线继续地向中心一圈圈地绕去，越绕越密，终于到不可辨认的地步，这正符合数学上对数螺线的情况。对数螺线是一条无穷曲线，围绕着无数的圆圈，离中心越较近，圆圈之间的距离就越近，但它们始终不能到达中心。

蜘蛛网主要分放射状和椭圆形两种

# 黑熊"跌膘"之谜

民间流传一种说法：黑熊会上树但不会下树，下树时从树冠上往下摔，即"跌膘"。近些年，有人提出了相反的观点，认为黑熊"跌膘"是生理需要，而不是不会下树。长白山人都知道黑熊爱吃蚂蚁近几年有关专家称，黑熊吃蚂蚁也是生理需要，同"跌膘"的目的一致。

具体来讲，黑熊为何吃蚂蚁呢？

黑熊是杂食动物，有时吃野果、玉米等。有些野果吃到肚中不易消化，造成腹胀，它不可能像人一样吃辅助消化的药物，却有其特殊的本能，即吃活蚂蚁当消化药。蚂蚁被熊吃进腹中之后，不能立即死掉，便在胃肠中疯狂地爬动逃生，如此，就替黑熊疏通了肠胃，起到消化药物的作用。据说有些蚂蚁从黑熊肛门钻出后，还是活的呢！

蚂蚁并不是随时可以吃到的，有时黑熊吃不到蚂蚁，胃肠又堵得难受，怎么办？它有个笨办法，爬到树顶上往下跳，即"跌膘"，通过这一摔，很可能就将肠胃疏通了。

这样看来，黑熊"跌膘"是为了疏通肠胃，吃蚂蚁也是为了疏通肠胃。

此种观点似乎有道理。不然，黑熊爬树十分麻利，怎能不会下树？至于吃蚂蚁，大概还有别的因素。

黑熊"跌膘"和吃蚂蚁的根本原因，值得人们进一步探讨。

树上的黑熊

# 睡前跳舞的狐狸

动物睡觉之前,一般都有准备活动。狐狸睡前的准备活动是跳舞。当它找好睡觉的地方之后,就开始跳舞。它先跳一会儿"踢踏舞":用爪子抓扒地面,把地面踏平;再跳一会儿狐步舞,靠"快四步"的舞步把地面踩结实;最后跳一曲"华尔兹"。

狐狸舞姿优美,身体呈弓形,嘴上的胡须能碰着尾巴。一直到跳累了,狐狸才坐卧下来,头扭向臀部,尾盖在脸上,整个身体弯曲成圆形,不一会儿就进入梦乡了。狐狸生性机警、狡猾、谨慎而又敏感,听觉和视觉都很灵敏。

狐狸是田鼠、家鼠的天敌,是一种益兽,

在童话故事中,总是把狐狸描写成狡猾多诈、偷鸡偷鸭的坏蛋,其实这种说法一点儿也不公平。狐狸的主要食物是昆虫、野兔和老鼠等,而这些小动物几乎都是危害庄稼的坏家伙。所以狐狸是一种益兽。

狐狸嘴巴又尖又长,两只三角形的耳朵,一副狡猾的模样。那么狐狸真的很狡猾吗?

当狐狸被人捉住后,它会暂时停止呼吸,就像死去了一样,如果你对它稍有疏忽,它便会突然咬你一口,然后趁机跑掉。如果它被猎犬穷追不舍的时候遇上了羊群,它就会窜到羊群里面,把身上的气味传到羊身上,使猎犬无法找到它。除此以外,它还会引诱其他小动物上当,借此捕食,它会学羊叫,使小羊闻声而来,趁机将小羊捉住。看来,狐狸的确既聪明又狡猾。

冰天雪地的冬天,狐狸正在找食

熟睡中的狐狸

# 会使用工具的鸟类

非洲的白兀鹫经常使用工具。它爱吃鸵鸟蛋,然而鸵鸟蛋的壳既厚又硬,白兀鹫的尖嘴利爪也无能为力。于是,它发明了"高空砸蛋法":用双爪抓住一块重300克左右的石头,飞到80米至100米的高空松开双爪,让石头砸到鸵鸟蛋上,将蛋打裂。白兀鹫选择的高度也是有讲究的,如果飞得太低,蛋打不裂;如果飞得太高,将蛋打得一塌糊涂,就吃不到什么了;而从80米至100米高度落下的石头恰到好处,将鸵鸟蛋砸开一条裂缝,里边的东西一点也没糟蹋。

西班牙的碎骨鹰巧妙利用重力,与白兀鹫的做法有异曲同工之妙。碎骨鹰爱吃动物骨头,但有的骨头很大,它咬不开。怎么办?碎骨鹰自有高招。它选择一块较平整之处,找来许多石块,一块接一块摆好;然后用爪子抓起骨头,飞到100多米的高空,瞄准地上的石头,松开爪子让骨头坠落下来。大骨头砸到石头上,被砸碎了,碎骨鹰就容易将其吃下去了。

在赤道附近科隆群岛的树林里,有一种聪明的小鸟——拟 树雀。当它发现树洞里有虫子,但喙够不着的时候,就会用喙折下一段干树枝,用树枝把虫子拨弄出来。如果嫌树枝太长,就用喙折去一些,直到满意为止。如果觉得这树枝用得顺手,拟 树雀还把它寄放在树洞里,以备以后再用。

南太平洋新喀里多尼亚岛上的乌鸦,其聪明程度更令人吃惊。新西兰的亨特博士到此考察,他发现乌鸦竟用起了成套工具。虽然这套工具只有两件,但制作精细,两件用的材料也不一样。一件工具头上分出一个小枝杈,叶子全部弄掉,其形状有点像人用的榛木拐杖;另一件工具是用较为坚韧的、带倒刺的露兜树树叶做成的,在叶的倒钩处顺两边一点一点"削"成一个约有20厘米长的锥形,很像医疗上用的探针。树干的孔穴和树根的裂缝中是昆虫的藏身之处,亨特博士见乌鸦使用这两件工具在树上树下忙得不亦乐乎。

鹰的眼睛是异常敏锐的。翱翔在两三千米高空的雄鹰,能够发现地面的兔子、老鼠,并且敏捷地俯冲而下,一举捕获猎物

# 林蛙认家之谜

林蛙是捕食害虫的能手。它平时生活在森林里,秋末初冬之际进入江河冬眠,来年春暖花开之际复苏,从河水中出来,再到山上生活。

雌蛙在春季产卵,在雄蛙的帮助之下,将卵产到林间河流、小溪、水泡子之中,便完成了1年的生育任务。之后卵变蝌蚪、蝌蚪变蛙的全过程,主要靠小林蛙自身来完成。

林蛙有超强的"认家"本领,卵被产在小溪里,变蝌蚪、长成蛙以后,它就以为这条小溪是自己的家了。等离开水面到森林中生活至秋末初冬需要进水冬眠时,它就回到出生时的小溪中,从不会迷路、找不到家。就是离开小溪几千米,地形十分复杂,分离几个月时间,也不会影响林蛙归家。这种能力超过了人,因为人在森林中寻找一个离开几个月的地方也很不易,除非做路标。

林蛙是不是也会做路标?还是林蛙回家是出自本能?令人费解。

少数人利用林蛙这种生活习性,在秋天小河附近用塑料薄膜挡上"趟子",对林蛙进行灭绝性的捕杀,或剥哈蟆油出售,或直接卖蛙。吃掉一只雌蛙,就等于吃掉数百只蛙,等于放跑上百万只害虫。久而久之,形成恶性循环,森林病虫害增加,导致大气、降水等自然气候变化,威胁到人类的生存环境。

林蛙的数量越来越少,林蛙的身材越来越小。为了维护正常的生态平衡,人类应树立自觉保护林蛙的意识。

林蛙的生活习性是春天从河里出来到水边产卵后到森林中去,秋天再从森林里出来回到河里

# 长 颈 鹿

在动物王国里,身材最高的当数长颈鹿。

成年雄壮的长颈鹿身材一般都在 5 米以上,雌性的长颈鹿也有 5 米左右。个别雄性长颈鹿身高竟可达到 6 米。一头名叫"乔治"的长颈鹿,它的身高超过了 6 米,仅它那根长脖子,长度就超过了3.5米。在动物世界里,有这么长脖子的野兽可以说是独一无二的。再加上它有四条又长又细的腿,身高更与众不同。

长颈鹿生活在非洲大草原上。在这里旱季是最痛苦、最难熬的时候,每当这个季节各种动物都使出自己的绝活来寻找食物。雨季来临是动物最高兴、最快乐的时候,也是大草原上最热闹的时候。不管是什么季节,长颈鹿都是最显眼、最引人注目的。

长颈鹿的体形,是生存竞争、适应环境的结果。在非洲草原上,树木下部由于受洪水和大风的影响,树叶很少,鲜嫩的枝叶都长在树的顶端。长颈鹿要想吃到可口的鲜嫩叶,就得适应这种独特的环境,使自己身体高大起来。经历了千年万年的自然淘汰和选择,经过一代一代的演化,它们的脖子越来越长,最终发展成今天的这个样子。

长颈鹿平时走路悠闲,但奔跑迅速特别快。晨昏觅食,主要吃各种树叶,耐渴。

长颈鹿的长脖子的用处可真不少,那些在树顶的嫩树叶,其他动物对它们望尘莫及,而长颈鹿只要伸长脖子,伸出长舌头,不费吹灰之力就可以将树叶大口大口地吃到嘴里。另外,在非洲,食肉的猛兽很多,长颈鹿由于身高、脖子长、望得远,这样可以及时发现敌情、逃避敌人。它们的眼光也非常敏锐。一旦发现了敌人,它们往往急忙晃晃脖子、踢踢腿,示意伙伴快离开,所以别的动物也愿意和它们待在一起。长颈鹿的脖子就像一个观察敌情的"哨所"。

还有,雄性长颈鹿的长脖子还是它们争夺"情人"的武器。在争斗时,雄性长颈鹿相互用脖子缠绕着厮杀,直到将对手缠到认输为止。

# 蛾的本领

蛾在黄昏以后才开始活动,它的翅膀永远张开着,即使在休息时也是如此。

蛾虽然喜欢夜间活动,但只要一见到哪里有灯火,它就会奋不顾身地扑上去,并常常因此而丧生,所以有句俗语叫"飞蛾扑火,自取灭亡"。

夏日的夜晚,蝙蝠正在追逐一只夜蛾,眼看就要追上了,只见夜蛾一个急转弯,连续做了几个翻身动作,一下子钻进草丛溜之大吉。

原来,蝙蝠追逐夜蛾是用超声波"声呐"发现目标的,而夜蛾呢,它专门有一套反声呐装置——鼓膜器。鼓膜器长在胸腹间,里面有许多高度灵敏的神经细胞,在30米处就能接受蝙蝠发出的超声波,使自己能有充裕的时间巧妙地避开蝙蝠的追捕。

四斑虎夜蛾

夜蛾要想逃过蝙蝠的追击,要使用两个法宝。一个法宝是它的反声呐装置。另外,有的夜蛾还有一个法宝——披在身上的厚厚的绒毛,这层绒可以吸收超声波,蝙蝠收不到足够的回声,从而大大削弱了蝙蝠声呐的作用。

甜菜夜蛾

科学家通过对夜蛾截听、干扰和吸收蝙蝠超声波能力的研究,制造了各种类型的无线电干扰设备,安装在舰艇和飞机上,进行电子对抗,使对方无法发现自己的踪影。英国皇家空军的一支部队,还特意把一只夜蛾画在队徽的中央,作为象征他们执行电子干扰任务的标志。

科学家还进一步设想,模仿夜蛾防卫的本领,研制出一种能吸收电磁波的涂料,将这种涂料涂在飞机的表面,可以吸收对方雷达发射的无线电波,从而轻而易举地逃避雷达的跟踪。

蓝带夜蛾

# 杜鹃

大杜鹃生活在开阔的森林里,它们的叫声经久不息,特别是在月朗星稀的夜晚,叫声会通宵达旦。

它们嘴部的羽毛呈灰色,胸腹部羽毛有黑色的横纹。每当种谷的时候,杜鹃便在空中盘旋,不停地鸣叫:"布谷,布谷,割麦布谷。"所以大杜鹃又名布谷鸟。它的叫声非常凄婉、动人,它的这种感人肺腑的悲鸣,加上它的口腔上皮和舌部都是红色的,所以古时候的文人常常用"杜鹃啼血"来比喻哀痛至极,以至损耗自己的生命。

每当春季来临,到处便可听到"布谷,布谷"的阵阵鸟啼声,像是在催人不误农时,及早春播

大杜鹃自己不会做窝,它把蛋产在别的鸟窝里,靠别的鸟代它孵化、哺育。它产的蛋和某些鸟产的蛋颜色、形状相似,食性也基本上与别的鸟相似,这样孵化出的大杜鹃雏鸟才能获得适合的营养,它们的孵化期和发育期也基本上一致,这样才能得到别的鸟的抚养。

大杜鹃为什么能在别的鸟窝里产蛋?

原来鸟类绝大多数都在早上产蛋,而大杜鹃却在午后产蛋,鸟类孵蛋活动都在上午,这时它们伏在窝里面动也不动,到了中午,气温升高,窝里温度也稳定了,雄鸟雌鸟都双双外出活动,而大杜鹃瞅准时机,将自己的蛋产入其他鸟的窝中。

大杜鹃雏鸟发育迅速,身高体大,食量又大,抢到的食物很多,而可怜的其他鸟的亲生骨肉却饿得骨瘦如柴,甚至活活饿死。大杜鹃雏鸟还将那些个头小的其他幼鸟推出窝外。

由于窝里只剩下大杜鹃雏鸟一个儿,所以总吃得很饱,长得又很快,等到羽毛丰满,可以独立生活了,大杜鹃雏鸟就展开翅膀飞走,从此再不回来了。

大杜鹃专门吃那些其他鸟望而生畏的浑身长着刺毛的毛毛虫。一只大杜鹃一个小时能捕食100多条毛毛虫,所以说它是出色的森林保护者。

# 灰喜鹊

　　松毛虫是松树林最危险的敌人。松毛虫吃起松针来就像吃山珍海味似的，很快就能把大片树林吃得光秃秃的。没有松针的松林不久便会死去。

　　松毛虫浑身长满了长长的毒毛，许多捕虫的鸟儿都惩治不了它。有没有一种鸟儿能对付这种可恶的松毛虫呢？有，它就是灰喜鹊。灰喜鹊是专吃松毛虫的一种益鸟。

　　别看松毛虫全副武装，一些吃虫的鸟儿拿它没有办法，但灰喜鹊一点儿都不怕它。发现松毛虫后，灰喜鹊马上冲过去，一口就能将它叼住，然后把它放在松枝上来回地搓，只几下就将它搓成了泥，灰喜鹊吃它就像吃面条一样。1只灰喜鹊1天能吃上百条松毛虫，1年可消灭1.5万条松毛虫，使一两亩松林不受虫害，它真不愧为森林卫士。灰喜鹊不仅能消灭大量的松毛虫，而且很听话，经过训练它们能听从人的指挥。训鸟员哨子一吹，成群的灰喜鹊就会跟着他飞行。哪个地方发现了松毛虫，训鸟员一声令下，灰喜鹊就会立即冲上去，把松毛虫吃得干干净净。

　　灰喜鹊成了松树林的忠诚卫士。

　　与灰喜鹊一样能捕捉松毛虫和其他森林害虫的还有燕子。每当喂养雏燕时，燕子每天飞出飞回五六百次，捕捉虫子在600条以上。每年4月至9月的约180天中，一只燕子就能消灭10万条以上的害虫。

穿行于草原林场山脊、河谷、森林之间，都能看见灰喜鹊那忙碌的身影

# 箭　鱼

在鱼类王国中,游得最快的当数箭鱼了,每小时可游110千米,鱼类游泳的冠军非它们莫属。要知道,它们的速度已远远超过了大部分舰船的速度,和汽车、火车的速度也不相上下。

箭鱼为什么游得这么快?这首先得益于它的体形。它是生活在海洋表层的肉食性鱼类,体形是"流线型"的,头部有锐利的尖嘴,有利于劈波斩浪,水流经过头部后,就能沿着鱼体表顺利后流,因而阻力极小。它的身体表面附有光滑的鳞片,能分泌出一种黏液,就像润滑油一样,可以将阻力减少到最低的限度。

其实,它之所以能成为鱼类游泳中的佼佼者,也是自然选择的结果。海洋中上层风急浪大,俗话有"无风三尺浪"。加上敌害多,水流湍急,箭鱼要想在这里生存、繁衍,捕捉猎物,逃避敌害,如果没有惊人的游泳速度是难以生存的。"适者生存,不适者淘汰",箭鱼最终依靠自己的本领生存、繁衍下来了。

箭鱼有一张又长又硬的嘴,骨质的上喙占整个身长的一半,很像一支利箭,故得名

为箭鱼。这张又长又硬的嘴,便是它的独特武器,它凭借这种武器,就能横行在海面上。它用箭一样的长喙去刺杀其他的鱼类,中小型的鱼都是它攻击的对象,就连巨大的鲸类它也敢去攻击。有趣的是由于它常攻击鲸类,所以有时会把航行的船只错当成鲸而加以攻击。1948年,一条长5.5米、重700千克的箭鱼将它的长箭刺进了美国"伊丽莎白"号帆船的船舷。

箭鱼也叫剑鱼,因其上颌的形状上、下扁平,中间厚两边薄,如同一柄锋利的宝剑而得名。但又因其速度快,如同离弦之箭故称箭鱼。

# 大嘴巴河马

在动物王国中,河马是嘴巴长得最大的动物之一。

河马是生活在非洲湖泊里的一种哺乳动物,河马的样子又笨又丑,一点也不像马。它的身体肥胖,光溜溜的,只有尾巴尖上长着几根毛。

河马的大脑袋上,长着一双特别的小眼睛。河马最引人注目的是它有着一张特别大的嘴巴。嘴巴一张,真叫人胆战心惊。不用怕,河马不吃人,它不是食肉动物,而是食草动物。

河马的皮肤很怪,一旦离开了水,过不多久就会裂开。所以河马白天总是把自己泡在水里,只露出一个脑袋呼吸。

河马可以说是"潜泳专家",一旦发现敌情,它可以一口气潜泳几百米远。

河马虽然是陆地动物,可是特别爱在水中活动。为了适应水中的生活,它的眼睛、鼻子、耳朵都长在头顶上。所以它在水中只微微露出脑袋,这些感觉器官正好超出水面一点点。

河马的这些感觉器官的特殊位置有什么好处呢?

原来,感觉器官长在头顶上,可以使河马既很好地隐蔽自己,又能够很容易地呼吸到新鲜空气,看到外面的世界,听见周围的动静,真是一举多得。

河马主要居住在非洲热带的河流间。它们喜欢栖息在河流附近的沼泽地和有芦苇的地方

河马在陆上活动时,有时会渗出红色的"血液",当"血液"越渗越多时,全身完全变成暗红色。

河马为什么会无缘无故地"流血"呢?

原来,河马的皮肤很厚很亮,但没有汗腺,不能像人类那样通过流汗来降低体温和湿润皮肤。当河马在水中时,缺少流汗这个功能完全不影响它,可是一旦到了陆地上,皮肤缺少水分就可能引起干裂,这时候,河马只好通过"流血"来弥补。这种红色的"血液"并不是血,而是皮肤分泌出来的一种红色的特殊液体。它就像涂在家具表面的油漆那样,能够保护河马的皮肤,防止皮肤干裂。

# 壁虎

壁虎是一种爬行动物,善于捕食蚊蝇,是有益动物。它体长约10厘米,眼睛没有活动的眼睑,所以它的眼睛永远睁开着,而且眼睛很大,瞳孔像一条裂缝,身上长着许多小鳞片,喜欢夜间出来活动。

壁虎有一种特殊的本领:可以在墙壁和天花板上自由自在地爬行。

壁虎能在墙壁和天花板上爬行,全凭它的四肢上的趾和指。壁虎四肢的趾和指扁平宽大,上面长着一褶一褶的肉瓣,形成一条条深沟,靠这些肉瓣来增加指和趾与墙、天花板的摩擦。另外,它的趾和指上还长着微细腺毛,像一个个吸盘,能吸在墙壁和天花板上,足以承担自己的体重。再加上它身体扁平,所以能在墙壁和天花板上行走如飞。

生物学家深入地观察研究,发现壁虎足的结构非常奇特,并非一般的吸盘。它四肢的趾和指上的一褶一褶的肉瓣,实际上是微细腺毛覆盖着的鳞片。微细腺毛呈钩子形状,有黏附能力。由于壁虎足上生有无数个微钩,所以它能轻而易举抓住物体表面微乎其微的小突起。

壁虎不仅能飞檐走壁,而且是捕虫高手。苍蝇、蚊子、飞蛾等害虫都是它捕捉的猎物。当这些害虫落在墙壁和天花板上,它悄悄地爬过去,在离飞虫不远处停下来一动不动。突然,它伸出舌头一卷,像闪电一样,又准又狠地将飞虫卷进了嘴里。

壁虎在被捉住和受到惊吓时,它的尾巴会自动脱落,脱落的尾巴就会不断颤动吸引敌人,壁虎乘机逃走。尾巴脱落后十几天,它又会长出一条尾巴来。

壁虎个体小,皮肤柔软,身体短而结实,多数都是夜间出来觅食

# 鸵鸟

世界上最大的鸟是鸵鸟。

鸵鸟亦称非洲鸵鸟，个头大，善于奔跑，适应沙漠、荒原的生活，其中雄性鸵鸟身高可达2.75米左右，身长2米左右，体重可达160千克。非洲鸵鸟的翅、尾的羽毛均呈白色，身体其他部位的羽毛颜色各不相同。头部羽毛稀疏，颈部大多裸露光秃。鸵鸟的两腿特别长，粗壮有力，虽然两翅已经退化，但跑起来如飞一般，加上发达的副羽可以鼓翅扇动助一臂之力，跑起来一步能迈出8米之远，在15分钟内或不到半小时就能将时速提高到50千米，全速奔跑时可达每小时70千米。它光秃秃的脖子长长的，能远远地看见敌人。脚上有两个粗大的前趾，脚底还有厚皮。这样，它们在荒漠中不怕烫，也不会陷进沙里去。

鸵鸟还有一双敏锐的眼睛，加上身材高，所以看得远、看得准确，这就大大提高了找食的速度，同时还能及时有效地防御敌人的偷袭。鸵鸟有时将头贴在地面，或是觅食，或是放松颈部的肌肉，或是便于听声。当它遇到敌人时，就会用强壮的长腿回击敌人。

鸵鸟习惯于群居，通常四五十只一起生活。繁殖时，往往是一雄多雌，同在一窝中产卵，一般一只雌鸟每次可产卵8枚，每枚重1 300克左右。雌鸟产完卵后便完成了母亲的职务，其余的工作如孵卵、养育幼鸟，则完全由雄鸟来承担。

鸵鸟脖子长、视力好，警惕性非常高

# 无齿的食蚁兽

食蚁兽,顾名思义就是多以蚁类为食的兽。它的嘴与其他兽类不同,又尖又细像一根空心的管子,里面一颗牙齿也没有,只有一条细长的舌头,伸出来足足有30厘米长。这样的嘴巴怎么能吃东西呢?原来,食蚁兽的鼻子很灵敏,当它嗅出蚁巢的气味以后,便用自己尖硬锋利如同镰刀一样的利爪把蚁巢挖开。这时,受惊吓的蚁便慌成一团,食蚁兽便伸出它那条分泌有黏液的长舌头,不慌不忙地将那些白蚁像舔芝麻似的,一只只舔在舌头上,然后将舌头往回一缩,便将白蚁囫囵吞进了肚子里。就这样,食蚁兽就凭它那伸缩自如的长舌头,一会儿就能捕到大量的白蚁,填饱自己的肚皮。

在热带森林里,不但有大量的白蚁危害树木,还有一种十分凶恶的食肉游蚁。这种游蚁常常成群结队地穿越丛林,任何动物遇见它们,不一会儿就会被吃得只剩下一堆白骨。食蚁兽是它们的死对头,它专爱吃这些蚁类,消灭这些危害丛林和动物的害虫。

食蚁兽一共有三种:大食蚁兽体大如猪,它的尾巴特别大,每当下雨天和大热天,可以竖起来避雨遮阳,晚上还可以当被子盖在身上。小食蚁兽像狗那么大,尾巴细长可以缠绕,要是遇到什么危险,它便用尾巴把身体支起,上半身挺起,前足张开,做出一副十分滑稽的样子来恐吓入侵者。二趾食蚁兽的体形最小,大的不过半尺,它常年栖息在树上。

食蚁兽的相貌、食性很奇特,当地的土著居民常把它当作神灵来供奉。

食蚁兽体型大小相差悬殊,小食蚁兽大似松鼠,不过350克,而大食蚁兽重达25千克

# 懒猴

在千奇百怪的动物王国里,最懒的动物当数生活在南美洲的懒猴了。

德国科学家尔曼·迪尔勒博士曾在家中养着一只懒猴。一天,这只懒家伙一屁股坐在了一只点亮的大灯泡上,时间一长,它的屁股被烤冒了烟,发出阵阵的刺鼻的焦臭味。尽管这样,它也没有移动来躲开那炽热的灯泡。打那以后,它的屁股上就留下了一块烙印。宁可忍受火烧之痛,也不肯挪动一下身子,你说它有多懒啊!

懒猴生活在热带丛林里,它每天要吊在有浓密树叶遮蔽的树杈上,呼呼大睡15个小时以上。只有等到了那伸手不见五指的黑夜里,它才醒过来,随便摘一些身边的树叶充饥。幸好热带森林树叶繁茂,要是换成其他的地方,它早就饿死好多回了。由于懒惯了,即使换个地方,它行动起来也十分迟缓,平均每分钟只走1.8米至2.5米,比起迟钝的乌龟还要慢。

懒猴行动缓慢无声,非常有耐力,几乎终生住在树上

"懒人自有懒福",懒猴懒得这么出奇,却自有它的福气。在自然界的残酷竞争中,如果它不这么懒,恐怕早就完蛋了。因为它活动得越少、越慢,被敌人发现的机会就越少,自身也就越安全。它的懒习惯,反倒成了它的救命法宝。

懒猴能奇迹般地活下来,还得益于它有一套奇妙的伪装术。懒猴刚出生时,毛是灰褐色的,过了一段时间,毛就变成了绿色。原来,这懒家伙的身上就像一个种植园,一些地衣和绿藻一类的植物在它身上扎根发芽。有了这身"迷彩服",懒猴一动不动地藏在绿树丛中,任何敌人想要发现它那真是难上加难。

# 猎 豹

　　猎豹，多分布在从非洲到亚洲的广阔区域内。猎豹喜欢夜间活动。一只雌猎豹重50多千克，雄猎豹比它重十几千克，它们力大无比，可以把比自身重一倍的猎物抓到树上去，一次可进食七八千克肉。在兽类王国里谁是赛跑冠军呢？经动物学家的研究和测定，发现冠军非猎豹莫属。

　　猎豹是猫科动物，它长距离奔跑的速度，可达每小时60～70千米；如果是短距离，最高时速竟可达110千米。这速度可与高速公路上奔驰的汽车相比。无怪它在追击猎物的时候，人们往往看不清它的身影，只能看到它身后腾起的烟尘。

　　猎豹为什么能跑得这么快呢？

　　原来这是生存竞争的结果。在广阔的草原上，猎豹捕食的对象斑羚、斑马等食草动物，个个都是能奔善跑的长跑健将。猎豹想要捕食它们，就必须比它们跑得更快。

　　猎豹和其他食肉动物如老虎、狮子的捕猎方式不同，老虎、狮子一旦发现猎物，便潜伏下来，等猎物走近到10米左右的时候，便大吼一声扑向猎物，在猎物不知所措时猛地一下咬住猎物的咽喉，直到它死去才松口，然后将猎物拖到隐蔽处慢慢地享受。而猎豹只要在500米内发现了猎物，便会穷追不舍，直到把猎物捕到手为止。

　　猎豹能跑得这样快，和它特殊的身体条件是分不开的，猎豹的身体前高后矮，腰身特别细长，四条长腿很强健有力，爪子还有很厚的肉垫，很适合狂奔疾跑。除优越的体形外，它的鼻孔十分粗大，肺活量很大，使它在快速奔跑中能有充足的氧气供应。还有，它长长的尾巴能使身体在快速奔跑中保持平衡。

草原上能奔善跑的羚羊也无奈成为猎豹口中的美餐。

# 雄 狮

狮子非常高大威风，人们常把狮子用来作为英雄的象征。

狮子一天的时间，大多数在睡觉和休息中度过，只有当它饥饿时，才会去捕捉猎物。

狮子捕捉猎物时很讲究"战略战术"，一般总是雄狮守在上风处，慢慢等待猎物接近，当猎物发现雄狮或闻到雄狮身上的气味时，就会没命地向下风处逃跑，守候在下风处的母狮和幼狮，就正好可以对惊慌失措的猎物展开猛烈的攻击。这样猎物就很难逃脱了。

狮子的捕食方法与老虎大不相同，它们采用打埋伏的策略，将捕捉对象从这头赶到那头。尽管狮子在奔跑时速度高达每小时60千米，但是它们的猎物往往比它们跑得还要快。为了避免过早地被猎物发现，狮子必须悄悄地走近猎物，只有在30多米的范围内发起突然袭击，狮子才有可能捕获成功。等待需要花费很多时间，狮子必须具有极大的耐性。狮子在逆风追捕猎物时，十有八九能成功。

同大多数猫科动物一样，狮子的视觉比嗅觉更为重要。当几只狮子共同追捕猎物时，它们常常围成一个扇形，把捕猎对象围在中间，切断猎物的逃跑路线。

狮子的主要狩猎对象包括较大的羚羊、角马和斑马。

在食物严重不足的情况下，母狮有时会狠心地把幼狮杀死，当作食物充饥。母狮吃幼狮，这是维持生态平衡的一种必要"措施"。因为小狮子生长快，五六岁就性成熟，能够繁殖下一代小狮子了。如果大狮子不吃小狮子，势必会使狮子"人口"大增，而草原上食草的动物就这么多，这将给狮子带来食物不足的严重后果，最终会影响狮子群体的生存。

狮子一天的时间，大多数在睡觉和休息中度过，只有当它饥饿时，才会去捕捉猎物

# 啄木鸟

啄木鸟大约2 000万年前开始在全球出现,现有200余种,分布范围很广,几乎世界各地森林都有。啄木鸟忠于职守,每天都干着同一工作,对大树从根部到梢部仔细敲打检查一遍,敲了这一棵再去敲打那一棵。敲打时发出有节奏的"笃、笃"声,就好像一位医生通知大家门诊开始了。

啄木鸟啄木,是在给树木开刀,啄害虫。

啄木鸟的脚上长着四个趾头,趾上弯着尖尖的爪子,能把树干紧紧地抓住,它的尾巴又平又硬,可以撑在树上当凳子坐,所以就是再笔直的树,它也能稳稳当当地抓牢。

每当它发现害虫时,就毫不犹豫地把害虫吃掉,如果发现了虫洞,它就立刻给树做手术,将树洞里的害虫揪出来,绝不放过一条;如果害虫躲在树皮底下,从外面很难发现,啄木鸟就会用又尖又长的嘴去啄开树皮,并用特别细长、尖端有一组倒钩的舌头将深深藏着的害虫"钩"出来吃掉。

据调查,啄木鸟一天可发出五六百次啄木声,每啄一次的速度达到每秒555米,是空气中音速的1.6倍;而头部摇动的速度更快,约每秒580米,比子弹出膛时的速度还快。

啄木鸟不仅能牢牢地抓在树干上,而且能做垂直方向的上下、左右运动。

啄木鸟的食性非常广泛,所吃的虫子绝大部分是森林害虫,而且胃口很大,一口气能够吃下900只甲虫或1 000只蚂蚁。因此,被人们誉为"森林医生"。

啄木鸟一生中大部分时间都在树上度过。它们整天不停地围着树干转,寻找树木里的虫子

# 大鲵

大鲵,别名娃娃鱼,属于隐鳃鲵科,属国家二级保护动物。

大鲵是现存有尾目中最大的一种,最长可超过2米。头部扁平、钝圆,口大,眼不发达,无眼睑。身体前部扁平,至尾部逐渐转为侧扁。体两侧有明显的肤褶,四肢短扁,指、趾前五后四,具微蹼,尾圆形,尾上下有鳍状物,体表光滑,布满黏液。身体背面为黑色和棕红色相杂,腹面颜色浅淡。

大鲵生活在山区的清澈溪流中,一般都匿居在山溪的石隙间,洞穴位于水面以下。每年七八月间产卵,每尾产卵３００枚以上,雄鲵将卵带绕在背上,两三周后孵化。

大鲵为我国特有物种,分布于华北、华中、华南和西南各省。因其叫声似婴儿啼哭,故俗称"娃娃鱼"。大鲵的心脏构造特殊,已经出现了一些爬行类动物的特征,具有重要的研究价值。大鲵因肉味鲜美而被视为珍品,遭到捕杀,种群已受到严重的破坏,需加强保护。

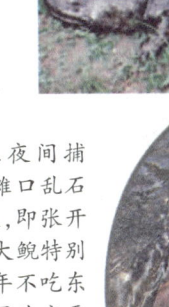

大鲵主要在夜间捕食,常常守候在滩口乱石间,发现食物经过,即张开大口,囫囵吞食。大鲵特别耐饥,即使两三年不吃东西也不会饿死。因为它平时活动较少,甚至很长时间也不动一下,所以体力消耗较小。

# 亚洲象

东南亚是亚洲象分布的主要地区，泰国被称为"大象之邦"，老挝被称为"万象之国"。亚洲象也活动在越南西部高原，靠近越南与老挝边界地区的原始森林之中。据统计，那里目前大象的数目约为350头。此地至今仍与世隔绝或半隔绝，是野生动物的乐园。

亚洲象的身躯高大威武，性情温顺善良，是力量、威严和吃苦耐劳、任劳任怨的象征。它的身长为5米至7米，肩高为2.5米至3米，尾长为1.2米至1.5米，体重3 000千克至5 000千克。通体为灰棕色，前额左右有两大块隆起，称为"智慧瘤"，其最高点位于头顶，但它的脑却很小。头盖骨很厚，虽然骨骼内充满了气孔，可以减轻重量，但颈部的负担仍然很重。背部向上弓起。四肢粗壮，几乎垂直于地面，像四根柱子，前肢5趾，后肢4趾。小跑时，总是同时提起同一侧的前后肢，而不是像其他哺乳动物那样在对角线上的两肢同时离开地面，这种的步法被称为"溜蹄"，并使其产生一种奇特的摇摆动作。

它的鼻子是动物中最长的，实际上是鼻子和上唇的延长体，表面光滑，一直下垂到地面，不停地摆来摆去。亚洲象的鼻子由40 000多条肌纤维组成，里面有丰富的神经联系，不仅嗅觉灵敏，而且是取食、吸水的工具和自卫的有力武器。鼻子的顶端有一个像手指一样的突起，这个突起不大，但上面集中了丰富的神经细胞，感觉异常灵敏，使得象鼻十分灵活，能随意转动和弯曲，具有人手一样的功能。在动物园中，训练有素的亚洲象能用鼻子搬重物、拔钉子、解绳子，甚至能捡起地上的绣花针。有趣的是，它还能像人类握手一样，用互相缠绕鼻子的方式来表达友好的情感。

亚洲象雄象的嘴里还长着一对终身不断生长，但永不脱换的长大门齿，称为象牙，长度为2米左右，单支重30千克至40千克。雌兽的门齿较短，不突出于口外。象牙的作用很大，是掘食的工具，也是搏斗时的武器。它的犬齿不发达。臼齿上、下颌的每侧共有6枚，而且很大，呈块状，但并不是同时生出，而是分成六批，轮流生出，每一批只生出4枚，另一批"候补者"在后面半隐半现，等前一批磨损消耗得不能再用时才逐渐发育出来，以至于在同一时间里，每侧上、下颌只能有1个完整的或者2个不完整的臼齿在起作用。每一个臼齿在使用时，齿根能够继续生长相当长的时间，以此来抵消磨损，但磨损仍然比生长的速度快。当齿冠磨平之后，齿根就不再生长，而被吸收掉，这样后边的牙齿就按顺序生长出来，并沿着颌部向前扩张。这六批臼齿可供其使用一生。

亚洲象的耳朵也很大，宽度近1米，有利于收集音波，所以亚洲象听觉非常敏锐，彼此之间常用次声波进行联络。由于耳部的褶皱很多，大大增加了散热面，所以更像是两把调节体温的大蒲扇，在炎热的夏季，它就是靠不停地扇动两只大耳朵，使耳部的血液加速流动，达到散热降温的目的，还能驱赶热带丛林中的蚊蝇和寄生虫。

亚洲象在国外分布于印度、孟加拉国、斯里兰卡、老挝、泰国、缅甸、越南、柬埔寨、马来西亚、印度尼西亚等国，共分化为7个亚种，我国仅有印度象亚种，分布于云南南部和西部的勐腊、景洪、江城、西盟、沧源、盈江等地。它们喜欢栖居在气温较高，空气湿润，靠近水源，植被生长茂密的热带地区，一般为海拔1 000米以下的长有刺竹林或阔叶林的缓坡、沟谷、草地或河边，这些地方常常是大树遮天蔽日，直入云霄，各种中、下层植物盘根错节，千姿百态。它们的皮肤虽然厚达3厘米，但身上的毛却比较稀少，所以它们既畏寒，又要避开热带地区白天烈日的暴晒，常休息于山谷间的林荫之处，觅食的时间也多在气温稍低的清晨和傍晚。食物主要是董棕、刺竹、类芦、棕叶芦、仙茅、白茅草、野芭蕉等植物的嫩枝和嫩叶。在进食时，它们先用长鼻子把植物卷上，再把植物从土地中连根拔起，在腿上或树干上拍打掉上面的泥土，然后才送进口中。有时折断树干和竹枝的声音在寂静的森林中"啪，啪"作响，传遍整个山谷。它们的食量大得惊人，每天要吃大约100千克的新鲜植物，因此在野外需要占据几十平方公里的区域，作为活动或取食的领域。为了吃到足够的食物，象群还要经常从一个地方走到另一个地方，边走边吃。象群走动的速度很快，奔跑起来时速可达24公里，一次可以跑四五百米。喝水时，它们先是把水吸到鼻子里，再把鼻子放进口中，然后再把水喝下去，一次大约要喝上60多千克。虽然它们的气管和食管是相通的，但是在鼻腔后面的食道上方生有一块软骨，当它们用长鼻子吸水的时候，水就进入了鼻腔，同时咽喉部位的肌肉进行收缩，使食道上方的这块软骨暂时将气管的口盖上，水就会由鼻腔进入食道，而不会进入气管，更不会进入与气管相通

亚洲象栖息于热带地区，常在海拔1000米以下的沟谷、河边、竹林、阔叶混交林中群居生活

的肺中。当它们把吸进鼻腔中的水放到嘴里以后,这块软骨又会自动张开,以保证呼吸的正常进行。

亚洲象很喜欢水浴,常在河边或水塘边洗澡、嬉戏,用长鼻子吸水冲刷身体,还喜欢将泥土涂满全身,以便除去身上的寄生虫,也防止蚊虫叮咬。它们还是游泳的好手,可以连续游上五六个小时,渡过很宽的河流。游泳的速度也不慢,时速可达1.6公里。

亚洲象在野外单独活动时,被称为孤象,往往都是老年的雄象,性情异常凶猛。但这种情况很少,亚洲象通常是三五成群,或是结成几十只的大群。每个群体都由一个"家庭"或多个"家庭"所组成,彼此之间互相帮助,和睦相处。与其他群居动物不同的是,领头者均为成年雌象,其他成员都按年龄大小、体质强弱排列顺序,不幸受伤的个体常常被伙伴夹在中间,一起前进。如果有的个体死亡,群体成员还会用推倒或卷翻的树枝和小树,一层一层地盖在死者的身上,形成一个很大的倒木堆。领头者在群体中的作用最大,由它指挥整个群体的行动路线、时间安排、觅食场所、休息地点等日常活动,也承担着保卫群体的重要责任。如果领头者死亡,群体就会在很短的时间里,再选出一个新的领头者,继续统一指挥群体的行动。

亚洲象没有固定的发情期,雄象与雌象交配时,总是双双躲进僻静的密林深处进行。它是陆地上最大的动物,不惧怕任何动物的威胁,但也保持较高的警惕性,连睡觉也是站着的。亚洲象的繁殖率较低,五六年才能繁殖一次,怀孕期长达18个月到22个月。雌象产崽于秋末冬初,每胎只产一崽。刚出生的幼崽体重为70千克至100千克,大小同小牛犊差不多,鼻子不算太长,也没有长牙,全身为棕红色,没有毛,出生几个小时后,就可以跟随群体四处活动了。幼崽的哺乳期大约需要2年,十四五岁性成熟,完全长成则在18岁至24岁。亚洲象的寿命较长,一般可以活到六七十岁,也有能活到100岁至130岁的说法。

象以家族为单位,由雌象做首领,每天活动的时间,行动路线,觅食地点,栖息场所等均听雌象指挥。

# 绿孔雀

绿孔雀,别名为爪哇孔雀,属于雉科,在我国主要分布于云南南部,为国家一级保护动物。

雄鸟全长约140厘米,雌鸟约100厘米。雄鸟体羽翠蓝绿色,下背闪紫铜色光泽。头顶有一簇直立的羽冠。尾上覆羽延伸成尾屏,可达1米以上,羽上众多由紫色、蓝色、黄色、红色构成的大型眼状斑,开屏时显得异常艳丽、光彩夺目。雌鸟羽毛以褐色为主,带绿色辉光,无尾屏。

绿孔雀栖息于海拔2 000米以下的河谷地带,以及疏林、竹林、灌丛附近的开阔地,多见一雄伴多雌活动。主要食蕈类、浆果、谷物种子、草籽等,也兼食昆虫、蛙类、蜥蜴等。2月下旬开始进入繁殖期,多在山脊和阴坡草丛灌木之间的低凹处筑巢,每窝产卵4枚到8枚,一般为5枚到6枚,为乳白色、棕色或乳黄色。雌鸟孵卵,孵卵期为27天到30天。

孔雀的美丽羽毛,历来是人们喜爱的装饰品。清代时,以其与褐马鸡尾羽配合制成的"花翎",以翎眼多寡区别官阶等级。孔雀的行止动作,宛若舞姿,民间舞者模仿其动作编成"孔雀舞",其矫健优美,令人陶醉。

孔雀开屏也是为了保护自己。一旦遇到敌人而又来不及逃避时,孔雀便突然开屏,然后抖动得"沙沙"作响,很多的眼状斑随之乱动起来,敌人畏惧于这种"多眼怪兽",也就不敢冒然前进了。

# 鲨鱼

鲨鱼的种类很多,海洋世界中至少有350种。鲨鱼,在古代叫作鲛、鲛鲨、沙鱼,是海洋中的庞然大物,所以号称"海中狼"。鲨鱼食肉成性,凶猛异常,连"海中之王"鲸鱼见了它也得退避三舍。它那食饵时的贪婪凶残本性,给人们留下了可怕的印象。因此,一提起鲨鱼,人们往往会有谈虎色变之感。鲨鱼捕捉食物更比老虎高出一筹,它可充分利用自己独特的嗅觉,探测食物存在的方向和位置。

根据化石考察和科学家推算得知,鲨鱼早在3亿多年前就已经存在,至今外形都没有多大改变,说明它的生存能力极强。但它性格极为凶猛,难怪人们对它存有较大的偏见,认为它是那么原始和愚笨。其实,鲨鱼不但具有高度发达的大脑,能借助电磁场导航,能将信息储存在大脑的中心部位,而且可直接把信息发送到运动神经系统,并且凭借敏感的嗅觉维持全部生命活动。因此,嗅觉对鲨鱼显得十分重要。

鲨鱼在海水中对气味特别敏感,尤其是血腥味,受伤的鱼类不规则的游弋所发出的低频率振动或者少量出血,都可以把它从远处招来,鲨鱼的嗅觉甚至能超过狗。它可以嗅出水中1ppm(百万分之一)浓度的血肉腥味来。日本科学家研究发现,在1万吨的海水中即使仅溶解1克氨基酸,鲨鱼也能觉察出气味而聚集在一起。1米长的鲨鱼,其鼻腔中密布嗅觉神经末梢的面积可达4 842平方厘米,如5米到7米长的噬人鲨,其灵敏的嗅觉可嗅到数公里外的

凶猛的鲨鱼,具有高度发达的大脑,是当之无愧的"海洋杀手"

鲨鱼灵敏的嗅觉在海洋生物中独占鳌头

受伤人和海洋动物的血腥味。

更有趣的是鲨鱼还能根据各种气味来判别自己的孩子，区别敌人和朋友，使自己经常保持与群体的联系，雌雄鲨鱼还能依靠气味相约去产卵和排精。由于鲨鱼的嗅觉极为灵敏，非常容易嗅出它们害怕或厌恶的气味。在海水中含量为800亿分之一的一种人体分泌物——左旋羟基丙氨酸的气味，鲨鱼也可嗅出来。据说曾经有一位钓鲨能手，起初收获颇丰，可后来鲨鱼总是不上他的钩，而在同一渔场的其他渔民反而钓的鲨鱼多。为什么这位钓鲨能手后来钓不上鲨鱼呢？经鱼类学家研究发现，那位钓鲨能手曾得过皮肤病，因此留在钓竿上的指纹中含有的左旋羟基丙氨酸较为丰富。鲨鱼闻到了此种气味，对他自然而然地要退避，不上钩的道理就在于此。

人们知道，鲨鱼在海洋生物中有许多独特之处。除了上述它的灵敏嗅觉和很少生病死亡，鲨鱼的牙齿结构又是它的另一个特别之处。凡是熟悉鲨鱼的人都知道，它的牙齿像两排锋利的尖刀，能轻而易举地咬断像手指般粗的电缆。如魔鬼鲨，有着长而尖的鼻吻及锐利的牙齿。不同种类的鲨鱼，牙齿大小、形状和功能几乎都不相同。因此，鱼类学家只要了解鲨鱼牙齿的形状和大小，就能判别出它属于哪个目、属、科。

令人惊讶的是鲨鱼的牙齿不是像海洋里其他动物那样恒固的一排，而是具有5排到6排，除最外排的牙齿真正起到牙齿的功能外，其余几排都是"仰卧"着为备用，就好像屋顶上的瓦片一样彼此覆盖着，一旦在最外一层的牙齿发生脱落，里面一排的牙齿马上就会向前面移动，用来补足脱落牙齿的空穴位置。同时，鲨鱼在生长过程中较大的牙齿还要不断取代小牙齿。因此，鲨鱼在一生中常常要更换数以万计的牙齿。据统计，一条鲨鱼在10年以内竟要换掉2万余枚牙齿。它的牙齿不仅强劲有力，而且锋利无比。例如，有些鲨鱼的牙齿长得利如剃刀，可以用来切割食物；有的牙齿长成锯齿状，可以用来撕扯食物；还有的牙齿长成扁平臼状，可以用来压碎食物外壳和骨头等。据说北美洲的印第安人把鲨鱼的牙齿用作刮胡子的工具。但可怕的是，鲨鱼在相互抢食时常常会不分青红皂白，连自己亲生的孩子——鲨鱼幼崽也不放过，吃得一干二净；当一条鲨鱼为其他鲨鱼所误伤而挣扎的时候,这头受伤的鲨鱼就该倒霉了,其他同宗族的兄弟也同样会对它群起而攻之,直至吞食完毕。更加恐怖的是鲨鱼由于是胎生的,一胎可产10余条鲨鱼幼崽,最高可达80余条之多,这些鲨鱼幼崽在母体里竟也互相残杀,人们曾对大西洋海岸一种虎鲨解剖得出这一结论:母体即为战场,这在任何动物中都是未曾见过的先例。

鲨鱼之所以如此频繁地更换牙齿,既与它残暴凶猛、嗜杀成性有关,又与它牙齿形状不同分不开。因为鲨鱼的咬合力可以说是在海洋所有动物中最强的。曾有人把金属咬力器藏在鱼饵中,用来测定一条体长2.4米左右的鲨鱼的咬合力大小,经测定得知其咬合力高达每平方厘米2.8吨。所以有些商轮在航海日记上曾记载过轮船推进器被鲨鱼咬弯、船体被鲨鱼咬个破洞的事故,这也就不是什么奇怪的事了。鲨鱼牙齿的形状很奇特。例如:噬人鲨的牙齿边缘具有细锯齿,呈三角形;大青鲨的牙齿则大而尖利;而鲸鲨虽躯体庞大,但它的牙齿却是短细如针;锥齿鲨的牙齿是呈锥状且长而尖的;长尾鲨的牙齿则是扁平的呈角状;姥鲨的牙齿既细小而又多似米粒;虎鲨的牙齿宽大呈臼状;等等。鲨鱼的牙齿形状之所以繁多,就如同上述所说,与其生态习性是极为密切相关的。

虽然我国还未出现大量捕杀鲨鱼的严重现象,但是,世界野生动物救援组织有关人士说过:"要尽早培养人们保护鲨鱼的意识"

# 穿山甲

中华穿山甲别名"穿山甲"，浑身披挂着坚硬的鳞片，重叠而且能竖立，像盔甲一样保护着身体。体背纵横鳞甲15列，尾侧鳞片17个。颜面部、腹面自下颌过胸腹至尾部及四肢内侧无鳞。鳞片间及无鳞区均长着稀疏的硬毛。

体重1.5～3千克，全长约1米。头部较小呈圆锥状，吻长无齿，眼小而圆，耳背光滑无毛，细长的舌头伸缩自如。四肢粗短，五趾具强爪，每当受惊时，它总是迅速挖洞而溜之大吉。

穿山甲多在丘陵山地的灌木丛、杂树林和草莽等地带挖穴而居，而且"住所"很不固定：冬春两季，就迁到背风向阳、较低的山坡栖息；夏秋时节雨水多、天气热，它们又搬到较高的山坡上，既凉快又不易被雨水冲刷。

穿山甲不但善于掘洞，还能驮着崽兽游泳。在必要的时候，它还能上树，尤其是树上有蚁巢的时候。这时，它先用锐利的前爪捣毁蚁穴，再把长长的吻伸进去，用带黏液的舌头舔食蚂蚁。对于穿山甲来说，蚂蚁和白蚁可能是最美味的了，穿山甲也捕食其他昆虫幼体，因而有益于农、林。

由于人们的大量捕杀，穿山甲数量锐减，现已列为国家一类保护动物。

穿山甲的鳞片，主要具通经下乳、祛瘀散结、消痈排脓、外用止血四大功能

# 遗　鸥

遗鸥体长约46厘米，嘴和脚呈暗红色，虹膜黑色，眼上下各有一马蹄形白斑。雌雄鸟羽色十分相似，夏羽头和颈上部黑色，体羽除上背和两翅为珠红色外，其余部分均为白色。冬羽头、颈部白色，仅在头顶、眼后有黑色斑块。

遗鸥是被人类认识最晚的鸟类之一。1929年4月隆伯格于内蒙古额济纳旗的弱水下游首次采到标本以来，关于该物种能否成立，在鸟类学界曾有分歧意见：有人认为它是棕头鸥和渔鸥的杂交类型，有人则认为它是棕头鸥的变型。直至1971年，阿乌埃佐夫依据采自哈萨克斯坦阿拉湖的多个标本，才将其确定为独立种，并得到国际鸟类学界的广泛承认。

20世纪90年代初，我国鸟类学家在内蒙古鄂尔多斯高原发现了世界上数量最多的遗鸥繁殖种群，进一步澄清了该种鸟在分类认识上的歧异和疑问。此后这种世界珍稀鸟类的现状和未来，更加受到国际动物保护协会等国际组织的重视和国内外鸟类学家的关注。俄罗斯、哈萨克斯坦、蒙古、英国及我国的鸟类学专家对遗鸥的形态、分布、生态及保护对策进行了深入细致的研究，并取得了重要成果。

人类真正认识它还不到30年。动物学家带着些相识恨晚的愧意，为它取名"遗鸥"。

研究结果表明：遗鸥仅分布在亚洲中东部，是狭栖性鸟类。迄今发现的繁殖地只有俄罗斯外贝加尔地区的托瑞湖、蒙古的塔沁查干淖尔、哈萨克斯坦的阿拉湖和巴尔喀什湖及我国内蒙古鄂尔多斯高原上的桃力庙——阿拉善湾海子、敖拜诺尔和锡林郭勒草原与浑善达克沙地接壤处的白音库仑诺尔。春夏季节，虽曾在阿拉善荒漠中的湿地、巴彦淖尔盟的乌梁素海、毛乌素沙地和库布齐沙漠中的湖泊中见有遗鸥分布，但无繁殖记录。迁徙时途经内蒙古商都、河北康保、渤海湾沿岸和陕西北部。遗憾的是至今尚未发现遗鸥的主要越冬地。

每年3月下旬至4月上旬，遗鸥陆续迁来鄂尔多斯繁殖地。在北迁起程之前，它们已更换了一身崭新而色彩绚丽的婚羽，为长途跋涉飞临巢区、吸引异性注意并结成配偶而做好了准备。有的在迁徙途中就相互结识、配合成对，而绝大多数却是到达繁殖地后,才积极寻求异性、相配成亲。从选择巢位开始,到最后一枚卵产出,都有交配行为发生。迟抵繁殖地的遗鸥在迁徙途中停歇地就开始了交配,在繁殖地交配通常在所选巢址近旁进行,一般在黄昏前后交配的频率最高。

遗鸥的繁殖地为干旱地区的湖泊。湖区生态环境单调而严酷,多为荒漠、半荒漠景观,或干草原中的沙带。湖水盐碱度较高,酸碱值为8.5~10.0,使多数植物难以生存,因而湖中水生植物甚少。遗鸥选择这种极为恶劣的生态环境孵儿育女,是其长期生存竞争的结果,也正是这种人烟稀少、荒凉偏僻的环境,使这种濒危珍稀鸟类的种族得以延续至今。

遗鸥对营巢地的选择甚为严格,人畜难至的湖心岛是必需条件。迄今在地球上发现的遗鸥巢无一不在湖心岛上。湖心岛的中央部位,裸露而多石子的地面是首选巢址。早迁到达的遗鸥的巢造得较为精致,先用嘴和脚在地面上掘出两三厘米深的浅坑,然后摆放锦鸡儿、白刺等灌木细枝,内铺禾草类、蒿类绒草和羽毛,并在巢外围加一圈小石子固定。后迁徙来的搭建的巢往往相当简陋,有的只为一浅穴,内垫灌木枝叶和杂草。雌雄亲鸟共同筑巢,多由雄鸟外出取材,衔回后交由雌鸟编筑。"夫妻"共同协作、齐心合力,为它们"爱情"的结晶——卵和雏鸟建筑一个舒适的"家"而不辞辛劳。

遗鸥成群营巢繁衍。在适宜的营巢地往往是巢连着巢,巢间距最近仅六七厘米。如鄂尔多斯桃力庙—阿拉善湾海子仅有的4个湖心岛,总面积不过13 958平方米,1998年统计到的遗鸥巢就多达4879个,平均每2.86平方米的地面上就有1个巢。这种营建群巢的现象,既是对自然界内适宜巢址不足的适应,也是一种互利的集体安全体系。在孵化后期和育雏期间,集体护巢行为尤为突出,如有人或天敌接近巢区,成千上万只亲鸟几乎倾巢而出,在巢区上空狂飞乱舞,大声惊叫,有的不顾一切地向下俯冲,有的居高临下排粪便对付入侵者。这种集群水鸟的集体护卫本能对其种族的发展甚为有利。

目前,全球遗鸥数量不足一万只,属极度濒危鸟类,被列为国家一级保护动物

遗鸥每窝产卵两三枚,通常隔日产1枚卵。卵色灰绿,缀以大小不等的棕色或黑色点斑。卵重平均约48克,卵大小约为59×43毫米。产下第一枚卵后,亲鸟就开始坐巢孵

化,孵化期为24天至26天。雌雄鸟共同承担孵化任务,轮流坐巢,每日换孵四五次。孵化初期,极怕惊吓,如有人为干扰或猛禽等天敌入侵,往往导致弃巢;进入孵化中期以后,又十分恋巢,并主动攻击"入侵者"。由于遗鸥边产卵边孵化,因此同巢雏鸟不能同日孵出,大多为隔日。雏鸟为半早成性,孵出后不能立即活动,需亲鸟哺育数日。10天后可由双亲带领下水活动觅食。遗鸥雏鸟的生长发育很快,75天左右体重就达550克,与成鸟的体重相差无几。

遗鸥为杂食性鸟类,以动物性食物为主,所吃食物主要有甲壳类、线形动物、摇蚊科幼虫、甲虫等。繁殖期主要以动物性食物为食,可消灭大量有害昆虫,对湖区及附近草地害虫的控制起着重要作用。

遗鸥属国家一级重点保护动物,曾被国际自然保护联盟列为濒危物种。自内蒙古鄂尔多斯桃力庙—阿拉善湾海子遗鸥自然保护区建立以来,遗鸥种群数量逐年增加,已由1990年的2000余只,增加到目前的万余只。最新出版的《中国濒危动物红皮书》已将遗鸥列为稀有物种。这是人类保护野生动物做出的又一重大成果。但由于遗鸥的狭栖性,对营巢地选择的特殊性及栖息地的脆弱性,它的种群数量并不稳定,一旦遇到连年干旱或雨涝,都会造成有些湖泊干涸或湖心岛被水淹的危险。因此长期有效地保护好遗鸥适宜营巢地,我们人类责任重大。

遗鸥的繁殖地为干旱地区的湖泊,人烟稀少,荒凉偏僻

内蒙古是目前世界上最大的遗鸥繁殖群体的栖居地。保护好这种世界珍稀鸟类及其栖息地是我们的责任。鄂尔多斯遗鸥自然保护区的研究人员为此历尽艰辛,并取得了显著成效。随着保护区遗鸥数量的不断增加及保护管理措施的逐渐完善,桃力庙—阿拉善湾海子的知名度倍增,为无数大漠、草原观鸟探险者所青睐,每年都有很多国内外鸟类学专家、学者及鸟类爱好者到此考察游览。

# 隐纹花松鼠

武夷山的树林里生活着赤腹松鼠、长吻松鼠和隐纹花松鼠等几种松鼠科动物。它们美化了武夷山的环境，增添了考察者和旅游观光者的兴趣。隐纹花松鼠是一种体形比较小的松鼠，头和躯干加在一起通常不到15厘米。体毛颜色一般为深褐与棕褐相混，背部有1条到5条的纵纹，两只短短的耳朵上生着黑白色丛毛，两颊有淡黄色的条纹。隐纹花松鼠不像其他松鼠那样有一条毛蓬蓬的大尾巴，它的尾巴是细长条形的。

到武夷山自然保护区考察和观光，你常看到在树干和树枝上窜上溜下的隐纹花松鼠，它们平时忙碌地在树林里寻找食物，采松球、捡"苦珠"，有时也会捕食昆虫。隐纹花松鼠虽然胆小，但好奇心很强，见到游人会探头探脑地看上一会儿。它们采到食物后，会用两只前脚捧着，边吃边看，尾巴翘得高高的，十分可爱。

隐纹花松鼠用两只前脚捧着东西的模样甚是可爱

每年冬天来临前，隐纹花松鼠就更加忙了。它到处奔爬，找来树叶和草苔，将建在树洞里的巢铺得厚厚的、软软的。爬到树上，摘下一个个大松果，往树下扔，松果摔到地面上后，一粒粒饱满的松籽便蹦了出来，花松鼠溜下松树，捡起松籽，藏进它的粮仓里。除松籽外，山核桃、苦槠、甜槠等都是隐纹花松鼠喜欢的屯粮。为了防止被其他松鼠或者其他动物偷吃，它们会将屯粮分别藏在几个隐蔽的粮库里，以备自己需要时取食。

隐纹花松鼠是松鼠家族中体形最为娇小的一种

严冬到来之时，隐纹花松鼠已吃得胖胖的，全身的毛又厚又密，安心地躲进舒适的洞巢里过冬了。

# 鹳

鹳属鹳科，全世界大约有19种，和鹭有亲缘关系。它们体形大，腿长，脚趾有蹼。尖而笔直的喙比头大，而且强健。

白鹳是一种普通的迁徙鸟，身长大约1米，头、颈和身体都是洁白的，翅膀有一些黑色，喙和腿都是红色，脖子很长，胸部的羽毛长而且下垂，白鹳经常把它的长喙藏在胸部的羽毛里面。它们常在潮湿的沼泽地出没，吃鳗鲡和其他鱼类，以及两栖动物、爬行动物、幼鸟和小型哺乳动物。它们粗糙的窝筑在高大的树顶、建筑物的废墟或者废弃的烟囱上，一般用树枝和芦苇搭成。白鹳是一种无声的鸟类，它们在很高的天空飞翔，显得强健而有力。

黑鹳的体型比白鹳小。上体的羽毛呈很有光泽的黑色，下体呈白色。在欧洲、亚洲和非洲的许多地方常见到。

黑头鹳，也叫"林鹳"是唯一一种产于美洲的鹳，栖息在美国的南方等地。喜欢群居，身高约有1米，黑色的头，光光的脖子，翅膀和尾巴有些黑色，其余的羽毛呈白色。

黑鹳亦称"乌鹳"，它体态优雅，为重要的观赏鸟类

产于亚洲的白鹳数量稀少，属于濒危动物。分布在我国东北、西北和东南沿海一带的白鹳，分布在东北、华北、西南和东南沿海的黑鹳也，分布在广东、浙江、福建的白头鹳，也叫"彩鹳"，都属国家一级保护动物。

白鹳栖息于开阔平原，森林草原的河湖池沼的滩地

# 鹤

鹤属于鹤形目，鹤科，全球有十几种。几乎世界各地都有鹤形目的鸟类。它是一类典型的栖息于沼泽地的涉禽。腿、颈和喙都较长，飞行较迟缓。粗看起来，鹤的外表有点像鹭。可是它的体形比鹭大，头有点秃，喙要比鹭大一些，翅膀的羽毛更紧密，后趾挺立。飞行中，长长的头笔直地向前伸，高跷一样的双脚拖在后面。

鹤是一种很古老的鸟类，在北美曾发现它在始新世时期的化石。除南美洲和南极以外，到处都可以找到它的足迹。可是由于人类的捕捉和猎杀，以及栖息地被破坏，许多种鹤的数量一直在减少，已经处于濒危状态。

鹤生活在平原和沼泽地区，是陆栖鸟类。主要吃各种各样小的动物，以及谷类、嫩草等。

鹤蛋呈橄榄绿和灰色，上面有棕色的斑点。母鹤把蛋下在用草和草秆筑成的窝里，这种筑在干燥的地面上的窝可以年复一年地使用。刚孵出来的小鹤有棕色的毛茸茸软毛，从蛋壳里出来没多久就会摇摇晃晃地跑，不过跑不了多远。

在北美地区，沙丘鹤栖息在阿拉斯加到哈得孙湾一带。它原产于加拿大的中南部和美国的五大湖区域，但这些地方现在已经很少见到。沙丘鹤羽毛呈灰褐色，体长90厘米到110厘米，叫声长而尖锐。佛罗里达沙丘鹤是沙丘鹤中较小的一种，产于美国佛罗里达州和佐治亚州南部，是一种不迁徙的鸟。其他亚种的沙丘鹤数量稀少，大多属于濒危动物而加以保护。

分布在我国青海、西藏、四川、贵州、云南等地的黑颈鹤，以及长江下游、沿海和东北、西北各省的白头鹤，东北、华东和华北各省的丹顶鹤，长江下游的白鹤，云南西双版纳等地的赤颈鹤都属国家一级保护动物。在我国属于国家二级保护动物的有灰鹤、沙丘鹤、白枕鹤和蓑羽鹤。

白鹤栖息于芦苇沼泽湿地。以水生植物根、茎为食，兼食少量蚌、鱼、螺等。五六月份繁殖，筑巢于沼泽中。每窝产卵2枚。雌雄轮流孵卵，孵卵期约30天。幼鹤85天后具飞翔能力

# 鹦 鹉

鹦鹉属鹦形目,鹦鹉科,是一类色彩艳丽的鸟。全世界有340多种鹦鹉,分属6个亚科,七八十个属。包括产于澳大利亚和马来群岛等地的美冠鹦鹉、短尾鹦鹉、相思鹦鹉、金刚鹦鹉、长尾鹦鹉等。

鹦鹉中,体型最小的是产于新几内亚岛及其附近岛屿的侏鹦鹉,身长只有8.4厘米左右。最大的是产于南美洲的金刚鹦鹉,身长竟可达1米左右。不过,这得归功于它那很长的尾巴。产于新几内亚岛的短尾鹦鹉虽然没有那么长,但体重可以超过它。

鹦鹉的喙弯曲有钩,腿较短。它们的脚掌前后有双趾,走起路来样子很怪,但爬起树来却是行家。这时候,它们的喙往往会助一臂之力。鹦鹉的舌头厚而强健,能够巧妙地摆弄它们的食物——种子和水果。以食花蜜为主的短尾鹦鹉舌头很长,舌尖像刷子。

鹦鹉的喙弯曲有钩,腿较短

鹦鹉主要栖息在热带区域,只有少数飞到北方和南方的温带地区。分布最多的地区是南美洲、澳大利亚、新几内亚岛及其附近岛屿。非洲和亚洲大陆的品种较少。

鹦鹉身上的色彩主要是绿色,但也有许多例外。一些美洲鹦鹉以蓝色和黄色为主,不少鹦鹉的翅膀上有红色。色彩最鲜艳的当数短尾鹦鹉,它们以红色和绿色为主色,配以蓝色、紫色、棕色、黄色和黑色。美冠鹦鹉基本上是白色和黑色,偶尔也有些黄色、红色和桃色。

鹦鹉的窝都设在洞中。树洞、白蚁堆起来的洞、岩石里的洞,还有地

鹦鹉在南美洲和澳大利亚的种类最多,在非洲却有一些很有名的种类,如情侣鹦鹉

鸡尾鹦鹉

面上的洞都是它们的家。只有产于南美洲的和尚鹦鹉(长尾鹦鹉的一种)例外,它们用树枝筑起很大的巢。多数情况下,这些巢穴都是公用的,但每对和尚鹦鹉都有自己的进出口。所以有的时候,它们的巢穴会大到把支撑它的树枝压垮。

20世纪中期,许多和尚鹦鹉曾被引进到美国当笼鸟。这些和尚鹦鹉有些不甘遭囚禁,越笼而逃。更多的是由它们的主人放生,因为他们忍受不了它们的吵闹。这些和尚鹦鹉后来很好地适应了温带的气候,在美国的许多地区繁殖起来。然而它们还是不受欢迎,因为它们在家乡曾毁坏庄稼,名声不好。

人们喜欢饲养鹦鹉,主要因为它们善于模仿人的声音。其中当属身长30厘米,有着红色短尾巴的灰鹦鹉最为出色。实验证明,它的认知能力可以和灵长类相比。亚马逊鹦鹉是美洲鹦鹉中最善说话的鹦鹉。

由于人们大量捕捉和饲养鹦鹉,许多鹦鹉脱离了它们原先的生活环境,造成面临灭绝的危险。每年都有几千只鹦鹉被非法或合法地带进欧洲和北美,许多在路途中就死去。为了保护鹦鹉的生存,最好的办法是除现有的笼鸟外,不再捕捉野生的鹦鹉来饲养。为此,许多国家都严格地限制捕捉、输出和输入鹦鹉。但总是有不少违法分子置若罔闻。澳大利亚鹦鹉、巴哈马鹦鹉、地鹦鹉、红眉鹦鹉、红尾鹦鹉等几十种鹦鹉都已面临灭绝的危险。

分布在我国中部和南部地区的红领绿鹦鹉、绯胸鹦鹉、花头鹦鹉、灰头鹦鹉、长尾鹦鹉、短尾鹦鹉等都属于我国二级保护动物。

鹦鹉身上的色彩主要是绿色,一些美洲鹦鹉以蓝色和黄色为主

# 白唇鹿

白唇鹿是大型鹿类,与马鹿的体形相似,但比马鹿略小,体长为100厘米至210厘米,肩高120厘米至130厘米,尾巴是大型鹿类中最短的,仅有10厘米至15厘米,体重130千克至200千克。头部略呈等腰三角形,额部宽平,耳朵长而尖,眶下腺大而深,十分显著。最为主要的特征是,有一个纯白色的下唇,因白色延续到喉上部和吻的两侧而得名,而且还有白鼻鹿、白吻鹿等俗称。它的颈部也很长,臀部有淡黄色的斑块,但没有黑色的背线和白斑。冬季的体毛为暗褐色,带有淡栗色的小斑点,所以又有"红鹿"之称;夏毛颜色较深,呈黄褐色,腹部为浅黄色,所以也被叫作"黄鹿"。体毛较长而粗硬,具有中空的髓心,保暖性能好,能够抵抗风雪。雄鹿肩部和前背部的硬毛还常逆生,形成"皱领"的模样。雄鹿的蹄子大而宽,较为短圆,雌鹿的蹄子则较尖而窄。只有雄鹿头上长有淡黄色的角,角干的下基部呈圆形外,其余均呈扁圆状,特别是在角的分叉处更显得宽而扁,所以又有"扁角鹿"之称。眉叉与主干呈直角,起点近于主干的基部。主干略微向后弯曲,第二叉与眉叉的距离大,第三叉最长,主干在第三叉上分成2个小枝,从角基至角尖最长可达130厘米至140厘米,两角之间的距离最宽的超过100厘米,分叉有八九个,各枝几乎排列在同一个平面上,呈车轴状。

白唇鹿是我国的珍贵特产动物,在产地被视为"神鹿"。它也是一种古老的物种,早在更新世晚期的地层中,就已经发现了它的化石。它曾经广泛地分布于喜马拉雅山的中部一带,由于古地理的影响,第三纪后期、第四纪初期的喜马拉雅造山运动使得以我国青藏高原为中心的地面剧烈上升,高原隆起,森

白唇鹿是一种典型的高寒地区的山地动物,分布海拔在3 500米以上,活动上限达5 100米,在可可西里仅分布于东南部沱沱河沿到乌兰乌拉山东端之间,保护区外围通天河岸、杂日尕那等地有分布

林消失，所以白唇鹿的分布范围也向东退缩，现在的分布地点有甘肃、青海、云南西北部、四川、西藏等。

迄今为止，这一珍贵物种在国外仅有20世纪70年代初由我国赠送给斯里兰卡的一对和80年代初赠送给尼泊尔的一对。在我国，由于白唇鹿与马鹿在产地上互相重叠，在四川西北部和甘肃祁连山北麓，还曾经发现过白唇鹿与马鹿自然杂交，并产生杂交后代的情况，所以有人常误认为它们属于同一物种，其实它们还是有很大差别的，除唇部为白色，眶下腺较大外，还有角的形状很不相同。白唇鹿的角的眉叉和次叉相距较远，而且次叉特别长，位置较高，而马鹿角的眉叉与次叉相距很近。

白唇鹿生活在海拔3 500米至5 000米之间的高山草甸、灌丛和森林地带，是栖息海拔最高的鹿类，那里气候通常十分寒冷，从11月至翌年4月都有较深的积雪。白唇鹿喜欢在林间空地和林缘活动，嗅觉和听觉都非常灵敏。由于其蹄子比其他鹿类的宽大，因此其适于爬山，有时甚至可以攀登裸岩峭壁，奔跑的时候关节还发出"喀嚓、喀嚓"的响声，这也可能是相互联系的一种信号。它还善于游泳，能渡过流速湍急的宽阔水面。群体通常仅为3只至5只，有时也有数十只、甚至一两百只的大群。群体可以分为由雌鹿和幼仔组成的雌性群，雄鹿组成的雄性群，以及雄鹿和雌鹿组成的混合群等三个类型。雄性群中的个体比雌群少，最大的群体也不超过8只，混合群不分年龄、性别，主要出现在繁殖期。白唇鹿夏季基本上在高山草原上度过，冬季要避开积雪多的高山草原而向灌木林移动。但是由于青藏高原草场的近80%是牦牛、绵羊、山羊的放牧地，所以为了避开与这些家畜和牧民的接触，白唇鹿出现了季节性的移动，来到家畜到不了的海拔5 000米以上甚至更高的地域，以及湖中的岛屿、被湿地包围着的地域和悬崖上的草地等地方，冬季则迁移到海拔较低的草地。它的食物主要是草本植物，特别是草熟禾、苔草、珠芽蓼、黄芪等，也吃山柳、高山栎等树木的嫩芽、叶、嫩枝和树皮，食物种类在80种以上。主要在早晨和黄昏时觅食，也有舔食盐分的习性，尤其是春季和夏季。它在野外的天敌有豺、狼和雪豹等。

每年10月至11月是白唇鹿的发情期。此时雄鹿常高声嘶鸣，发出"哞哞"的咆哮声，由四五个音节构成一个连续声，粗壮而低沉，昼夜不停，并且用蹄子或角刨动地面，在地面上打滚，往身上沾泥土。发情的雄鹿没有固定的栖息地点，四处奔走，寻找发情的雌鹿。一般一只雄鹿可以占有数只雌鹿，雄鹿之间的格斗也很剧烈，常常使角折断。雄鹿在发情期间，食欲不振，几乎不食不饮，颈部肿胀而变粗，性情凶猛，完全处于兴奋状态，所以在交配期变得十分瘦削。雌鹿的怀孕期为8个月，到第二年的5月至7月产仔，每胎产1仔，偶尔产2仔。刚出生的幼仔全身具有斑点，1个月以后斑点逐渐消失，3岁后达到性成熟。

为了保护野生的白唇鹿，近年来在青海、甘肃、四川等地已经有很多饲养场进行白唇鹿的驯养，其中青海玉树藏族自治州治多县养鹿场饲养的最多，达到数百只。此外，还有很多分散的饲养者。现在，很多地方已经能够实现放牧，不仅可以减少饲养费用，而且还能提高繁殖率。

## 鹰

　　鹰属鹰科，鹰属，是一类个体小到中等的猛禽，包括苍鹰科雀鹰。通常人们所说的鹰包括鹰科的许多猛禽，如鸢、鹞等。有时连隼科的一些猛禽也包括在内，如隼，以及我们所称的凤头卡拉鹰，也叫"长脚鹰"。

　　鹰广泛地分布在全球的大陆地区。大多数种类的鹰在树上筑巢，但也有一些，如美洲的沼泽鹰，则在绿色的草地上筑巢。也有些鹰把巢筑在悬崖和峭壁上。鹰每窝产3个到6个有棕色斑点的蛋。

　　划归鹰科鹰属的鹰被认为是真正的鹰，其中最典型的是条纹鹰。上体呈银灰色，下体呈白色，有棕色斑纹。尾比较长，有黑横纹和白色的尖端。体长约30厘米，个体比美洲雀鹰大不了多少，但以其勇猛和活跃著称。条纹鹰时常袭击家禽。

　　鸡鹰，也叫库珀鹰，也是北美比较常见的一种鹰。外貌与条纹鹰相似，但要大一些。身长约50厘米。尾巴较长，圆形的翅膀使它能够在低空迅速而敏捷地飞行。它主要捕食鸟类和小型的哺乳动物。当农民的家禽遭到袭击的时候，鸡鹰是第一个遭到怀疑的对象。苍鹰和雀鹰也属于这一类，它们属于鹰科属，宽翅膀，宽尾巴。在美洲、欧洲和非洲可见到，喜欢吃田地里的老鼠。红尾鹰在北美最为普遍，体长60厘米，色彩较多。一般上体呈褐色，下体颜色稍淡，尾巴呈红褐色。主要捕食啮齿动物，有时也捕食小型哺乳动物、各种鸟类、爬行动物（包括响尾蛇、铜斑蛇）、两栖动物，甚至昆虫。赤肩鹰在北美比较常见，体毛呈红褐色，下部有较密的条纹，体长约50厘米。

　　两种短尾，翅膀特别宽的叫黑鹰。一种是巴西大黑鹰，体长约60厘米，分布在墨西哥到阿根廷一带。较小的一种是墨西哥黑鹰，身上有些白色的标记，分布在美国的西南部和南美洲的北部。这两种黑鹰都食蛙类、鱼类和其他水栖动物。

　　鹰，拥有强壮的翅膀与尖利的喙和爪，是当之无愧的空中霸主

# 猫头鹰

猫头鹰是鸮形目夜行性猛禽的统称。在鸮形目下面分两个科,即鸱鸮科和草鸮科,属于鸱鸮科的猫头鹰有133种,属于草鸮科的猫头鹰有16种。

猫头鹰的大眼睛只能朝前看,要向两边看的时候,就必须转动它的脖子。猫头鹰的脖子又长又柔软,能转动270度。由于是夜间出来捕食的猛禽,它们的听力显得特别重要。猫头鹰的头骨不对称,所以它的两只耳朵不在同一水平上,有利于根据地面猎物发出的声音来确定猎物的正确位置。

猫头鹰是在全世界分布最广的鸟类之一。除南极洲以外,世界各地都可以看到猫头鹰的踪影。猫头鹰的窝有的筑在树洞里;有的筑在岩石中;有的筑在地面上,如穴鸮;还有的筑在仙人掌中。各种猫头鹰下的蛋都是白色的。

猫头鹰完全依靠捕捉活的动物为食。猎物的大小视猫头鹰的体形大小而定,小到昆虫,大到兔子都有,也有一些捉鱼为食。食物中不能消化的部分,如骨头、毛发、羽毛,会压缩成小球反刍出来。分析小球的成分,可以断定猫头鹰的猎物类型。

许多种大型猫头鹰外形很相似,但叫声不同,根据叫声可以把它们区别开来。鹰鸮是大型猫头鹰的一种。头上有簇状羽毛,不少人误认为是耳朵,实际上它与耳朵没有任何关系。大型猫头鹰中,栖息在美洲的只有大角鸮,还有17种分布在欧洲、亚洲和非洲。其中以北方的鹰鸮分布最广,从斯堪的纳维亚半岛、西班牙到日本都可以看到,它们的身长大约有71厘米。

姬鸮是猫头鹰中体型最小的一种,产于美国南方和墨西哥。身长只有13厘米,以啄木鸟在巨仙人掌中啄出的洞筑窝,食小昆虫为生。

猫头鹰家族中,非洲塞舌尔鸮,大鸺,昂儒昂岛鸺、马达加斯加红鸮属濒危动物。

分布在我国各地的猫头鹰有26种,属于国家二级保护动物。

猫头鹰的双目长于头部正前方,便于观察前方的猎物与敌情

# 苍鹰

苍鹰是强健凶猛的禽类,归于隼形目,鹰科,鹰属。

它们的翅膀稍短,栖息在森林之中。其中以北方苍鹰最为出名,它的体长为60厘米,翼展长度1.3米。很久以前,苍鹰就被人训练来打猎,它可以追逐和捕捉像狐狸和松鸡那样大的野生动物。

野生的北方苍鹰主要分布在北半球温带和北方的森林中。不过,北美和欧洲的苍鹰数目已大为减少。

南半球的苍鹰主要为澳大利亚苍鹰。羽毛呈灰色或白色,黑色的喙,红宝石般的红眼睛。红苍鹰是澳大利亚的珍稀鸟类,羽毛呈棕色,翅膀稍长,尾巴短。产于非洲的两种哨苍鹰因为到繁殖季节的时候鸣声似歌哨而得名。它们归于哨苍鹰属,翅膀比其他鹰长。栖息在大草原上,以捕捉地面的动物为生,主要是蜥蜴。与哨苍鹰有亲缘关系的加巴苍鹰也广泛地分布于非洲大陆,它的体形比哨苍鹰小,是树栖鸟。产于圣诞岛的圣诞岛苍鹰属濒危动物。

苍鹰多栖息在针叶林、阔叶林和混交林的山麓。以啮齿动物、鸟类及其他小型动物为食。在高树上营巢,主要以松树枝搭成较厚的皿形巢

# 雕

雕属隼形目,鹰科,是日间活动的各类大猛禽中的一类。它身大力大,形态优美,视力敏锐,飞行能力强,嘴和脚都强壮而有力量。一般说来,雕捕食的时候很凶狠。它的体型和飞行的姿势很像秃鹫,但头上长有冠毛,脚上有强而有力的弯爪。此外,另一个显著的区别是,雕以捕食活的动物为生,秃鹫以吃腐肉为主。由于身大体沉,不利于在空中追逐食物,所以雕喜欢袭击地面上的目标。雕在捕捉动物的时候,像猫头鹰一样,往往先把它们的头咬下来。由于雕的强健,在西方,它是力量和权势的代表,从巴比伦王国的时代开始,雕就是战争和帝国的象征。

雕善于翱翔和滑翔,常在高空中一边呈直线或圆圈状盘旋,一边俯视地面寻找猎物,两翅上举呈"V"字状,用柔软而灵活的两翼和尾的变化来调节飞行的方向、高度、速度和飞行姿势

雕过着一夫一妻制的生活,年复一年地住在同一个窝里。它们的窝筑在人类和其他动物难于接近的地方。小雕在孵化6个到8个星期以后出壳。雕的成熟比较慢,要到三四年以后羽毛才能丰满。

美洲角雕,也称"哈佩雕"是两种热带大雕中的一种。它的名字来自古代的希腊神话,哈佩是神话中有女人身又有锋利的鹰爪的妖怪,她是非常残暴地行使神的惩罚的工具。由此可见在人们的心目中,哈佩雕是凶残的象征。它产于南太平洋和南美洲的热带森林。窝筑在很高的树上。以捕捉鹦鹉、猴子和懒猴为生。哈佩大雕(哈佩雕的一个亚种)分布在从墨西哥南部到巴西的区域,体长约1米,头上有黑色羽毛的鸟冠,上体呈黑色,腹部呈白色,胸部有黑色的条纹。到20世纪后期,哈佩大雕的数量已经非常稀少,特别是在墨西哥和中美洲,很难看到它们的影子。

新几内亚哈佩雕体长约75厘米。羽毛呈灰褐色,尾巴较长,鸟冠短而丰满。产于菲律宾的食猿雕是另一种热带大雕,外貌和习性与新几内亚的哈佩雕很相似。体长约90厘米,上体呈褐色,腹部呈白色,鸟冠的羽毛又长又窄,以猎捕树栖动物为生。食猿雕的处境十分危急,很有可能要灭绝。

# 龟

龟是指龟鳖目中的一类陆栖爬行动物,它们属龟科,共分7个属。有一个属只分布在马达加斯加。有4个属只有在非洲才能找得到。也就是说,龟同时分布在亚洲、欧洲、非洲和美洲,但占多数的大约40种较为古老的龟种都分布在非洲。

在英国,龟是指所有在陆地上栖息的龟类爬行动物。民间故事中,龟行动迟缓但意志坚定,而且是长寿的象征。龟最显著的特点是有坚硬而隆起的厚厚的背壳。

龟的背甲外包有柔软的革质皮肤,呈灰色,平坦,裙边不发达

欧洲龟的龟壳一般长18厘米至25厘米,呈褐色,上面有黑色的斑点。栖息在许多岛屿上的多种大型巨龟现在不是已经绝种就是数量稀少。原因和岛屿上居住的人口不断增加,生态环境遭到破坏有关,加上除人类对它们滥加捕杀外,有些地方还引进猪、羊等家畜。它们不但和龟争夺食物,而且会伤害幼龟。据调查,原先分布在印度洋30多个岛屿上的巨龟,除了阿尔达布拉岛上的一种,其他都已经绝种。科隆群岛上的10种至15种龟,也已经陷入濒危的境地。这些巨龟背壳的长度可达1.3米,重量可达140千克。在厄瓜多尔的圣克鲁斯岛上,曾经发现过重180千克的巨龟。

陆龟属的龟主要分布在非洲、亚洲和南美洲。

4种分布在北美洲的穴居沙龟壳长20厘米至35厘米,呈棕色。它们的前肢较平,适于掘洞。沙龟分布在美国西南部和墨西哥的沙漠及开阔的森林地带。角龟等多种龟皆属濒危动物。

# 杓鹬

杓鹬属　亚目，鹬科，是体型较大的海岸鸟，它们的长喙有些像镰刀，喙尖向下弯曲。全球大约有8种。杓鹬的头颈和腿都很长，羽毛呈灰色或者褐色，有的有斑纹。它们在北半球的温带近北极的内陆地区繁殖。一到迁徙季节，会飞往遥远的南方。迁徙的时候，它们一般在干燥的空地上空飞行，以寻找昆虫和种子充饥。冬天的时候它们会在海岸边和沼泽地住宿，寻觅蠕虫和小蟹。

欧亚杓鹬是比较常见的一种，体长边喙加在一起，约60厘米，是欧洲最大的海岸鸟，栖息在从英国到亚洲中部地区。

毛腿杓鹬的大腿羽毛尖端类似鬃毛，在阿拉斯加的山区中繁殖。冬天则迁徙到南太平洋的岛屿上去过冬，全程9 650公里。

产于亚洲东部的杓鹬体型较小，大约只有30厘米长。

长喙杓鹬产于北美西部，它的喙就有20厘米长。

中杓鹬是分布最广的一种，在美洲、欧洲、亚洲和非洲都能找到它们。

白腰杓鹬，嘴甚长而下弯；腰白，渐变成尾部色及褐色横纹。喜潮间带河口、河岸及沿海滩涂，常在近海处。多见单独活动，有时结小群或与其他种类混群

美洲产的东杓鹬是杓鹬中体型最大的一种，体长超过60厘米。

爱斯基摩杓鹬是全世界最珍稀的鸟类之一。有些生物学家认为，实际上它已经绝种。原先它在北美北极圈里大量繁殖，冬天则迁徙到南美潘帕斯草原去过冬。１９世纪，由于其遭到猎人的大量捕杀，数量锐减。

# 信天翁

信天翁是大型海鸟，属信天翁科，全球共有十几种。它是最善于滑翔的鸟类之一，有风的时候可以几个钟头停留在高空，那副又长又窄的翅膀可以一动也不动。可是没风的时候，要靠翅膀在空中支撑自己结实的身体可就难了。这时候，它们情愿浮在水面上。像所有的海鸟一样，信天翁能喝海水，食物一般是鱼类。有时候它们也跟随船只吃一些船上抛下来的食物。

信天翁在繁殖的时候才飞回陆地。通常它们都是成群结队地飞到遥远的海岛上去，在那里交配。然后雌鸟会在光秃秃的地面上，或者是在筑起的巢中产下一个又大又白的蛋来，蛋由雄鸟和雌鸟轮流孵化。小信天翁长得很慢，特别是那些体形较大的种类。它们需要3个月到10个月羽毛才能丰满，才能开始学飞行。然后还得在海中生活5年到10年，才能像它们的父母一样到陆地上去生儿育女。信天翁是少数寿命比较长的鸟类之一。

栖息于新西兰和南美洲的皇信天翁

比较知名的信天翁有以下几种。

黑眉信天翁：栖息在远离陆地的北大西洋区域。黑色的眼睛给人一种忧郁的感觉。它的翼展长度有2.3米。

皇信天翁：翼展长度达3.15米。体形较大，羽毛呈白色，翅膀的两端呈黑色。在新西兰和南美洲的南端繁殖。

乌信天翁：是现存鸟类中翼展最长的鸟，可达3.4米。成年的漂泊信天翁外表像皇信天翁。它们的巢主要筑在南极圈附近和南大西洋的一些岛屿上。

信天翁的肉可以食用，羽毛是制作帽子和衣服的贵重材料。因此，北太平洋地区的信天翁遭到大量的捕杀。阿姆斯特丹信天翁和短尾信天翁已属濒危动物。

我国的澎湖列岛及台湾附近岛屿也是短尾信天翁的繁殖地区。短尾信天翁属我国一级保护动物。

# 黑鸟

黑鸟，在美洲是指几种属雀形目，拟椋鸟科的美洲黑鸟；在欧洲、亚洲、非洲，是指一种类似鸫的鸟。

在欧洲、亚洲、非洲，黑鸟体长25厘米左右。雄成鸟羽毛呈黑色，雌成鸟羽毛呈褐色，都有橙色的喙和眼眶，通常栖息在欧洲气候温和的森林和花园中，在澳大利亚也可看见，习性有点像美洲的知更鸟。

美洲黑鸟中最出名的是红翅黑鸟，分布在从加拿大到西印度群岛及中美洲的广大地区。体长约20厘米。雄鸟黑色的羽毛上有红色的披肩。锈色黑鸟，又叫锈色

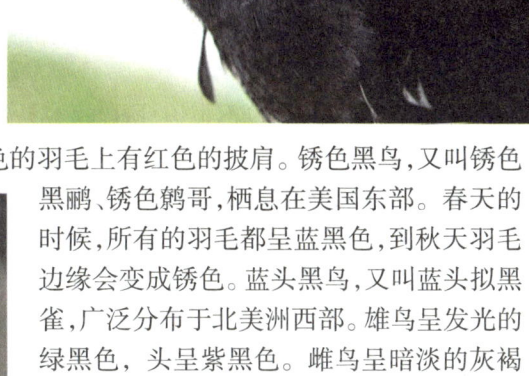

黑鹂、锈色鹩哥，栖息在美国东部。春天的时候，所有的羽毛都呈蓝黑色，到秋天羽毛边缘会变成锈色。蓝头黑鸟，又叫蓝头拟黑雀，广泛分布于北美洲西部。雄鸟呈发光的绿黑色，头呈紫黑色。雌鸟呈暗淡的灰褐色。红胸黑鸟是南美洲分布最广泛的美洲黑鸟。

有人将黑鸟视为不吉祥的象征，这种说法夹杂了封建迷信色彩

# 鲣鸟

　　鲣鸟又叫结巴鸟，属鲣鸟科，是一类大型的热带海鸟。它们的翼展长度在65厘米至85厘米。红脚鲣鸟和蓝脸鲣鸟广泛地分布在大西洋、太平洋和印度洋海域。蓝脚鲣鸟分布在从美国南加利福尼亚到秘鲁北面的太平洋地区。我国南部沿海地区常见到的为褐鲣鸟，羽毛呈深褐色，胸部白色。

　　鲣鸟的嘴比较大，身体像雪茄烟，翅膀狭窄但很长，有棱角。它们经常翱翔在大海的上空，寻找成群的鱿鱼和鱼类。一旦发现目标，就会笔直地俯冲下来，一头扎入水中捕捉。

　　鲣鸟喜欢成群在一起筑窝，但是它们各有各的地盘，不容外来侵犯。雄鸟向雌鸟示爱的时候，会跳起优美的舞步，展开双翅，昂起头，发出悠扬的口哨声。雌鸟一窝可下两个蛋。

　　鲣鸟见人很温顺，也不害怕，所以很容易被人抓住和杀掉，所以获得一个不好听的名字——笨鸟。

　　分布在我国海南的红脚鲣鸟，以及分布在我国海南、福建、广东和台湾的褐鲣鸟属国家二级保护动物。

鲣鸟的嘴比较长，身体像雪茄烟。翅膀狭窄但很长，有棱角

# 企　鹅

　　企鹅属企鹅目,企鹅科,是一类不会飞的海鸟。在所有的鸟类中,企鹅是最适应水和严寒天气的鸟。它们在陆地上行走的时候很笨拙,但在水里却很敏捷,是天生的游泳家。次南极的岛屿,以及非洲、澳大利亚、新西兰和南美洲寒冷的海岸线都是它们的生息之地。只有阿德利企鹅和大企鹅(也叫皇企鹅)栖息在南极洲。

　　阿德利企鹅是最知名的企鹅。它像其他企鹅一样,背是黑色的,肚子是白色的。各种企鹅区别在于它们头形和体形的大小的不同。最小的是小蓝企鹅,体长只有40厘米。最大的是大企鹅,体长１２０厘米。同种企鹅的雄性和雌性外貌相似。它们在海里一待就是几个星期,在水中捕捉鱼和甲壳类动物。但是,在海里,它们也是海豹和杀人鲸的食物。有些种类的企鹅祖祖辈辈都不远千里赶到内陆去繁殖。雌企鹅每窝产下一两个蛋,由雄企鹅和雌企鹅轮流孵化。一只企鹅在家里看守的时候,另一只就到外面去觅食,直到把小企鹅养育长大。

满山遍野的企鹅给南极洲这个冷落、寂寞的冰雪世界带来了生机

# 军舰鸟

军舰鸟又叫军人鸟,属鹈形目,军舰鸟科。全球大约有5种,是一类大型的海鸟。军舰鸟的身体大小像母鸡,但是翅膀特别细长。翼展长度可以达到2.3米,还有很长的叉形尾巴。飞行的速度特别快,技巧特别高,甚至达到令人难以置信的程度。4个脚趾有蹼相连,但它的脚特别细小,几乎没有什么用。钩形的喙比较长,用以攻击和掠夺其他海鸟嘴中的鱼。这也是它们得以生存的主要手段,并因此而得名。一般说来,成年的雄军舰鸟全身呈黑色,雌鸟的腹部有白色的标记。军舰鸟有一个光秃秃的红色喉袋,雄鸟在向雌鸟求爱的时候,喉袋会胀得像人的头那么大以炫耀自己。

军舰鸟是世界上短距离飞行最快的鸟,它胸肌发达,善于飞翔,素有"飞行冠军"之称

除雨燕以外,军舰鸟可能是所有鸟类中在空中飞行时间最长的鸟。除非要睡觉和筑窝,否则它们是不会在地面上停留的。由于羽毛没有足够的油脂来防水,因此它们从不主动降落在水面上。它们毫不费力地在高空中翱翔,经常像闪电一样俯冲下来,捕捉那些惊慌失措的鲣鸟或其他海鸟丢下的鱼。有时候,它们也会在低空飞行,自己捉鱼。

军舰鸟分布在全球热带和亚热带靠近海岸和岛屿的海域。通常在离海岸160公里以内的海上飞行。雌鸟只产一个白色的蛋,由雄鸟和雌鸟轮流孵化。

# 珍珠鸡

珍珠鸡产于西非，属鸡形目，珠鸡科，也有些鸟类专家把它归于雉科。大约有7种到10种。吐绶鸡是珍珠鸡中的一种，俗称火鸡，是常见的饲养鸡。由于一有动静，它就会发出叫声，所以还可以充当农场的"看家狗"。东非产的秃顶珍珠鸡是体型最大、色彩最鲜艳的珍珠鸡。长长的头颈，红色的眼睛。颈部、胸部和肩部都有黑、白、蓝色披针形的羽毛。背部多为黑色，上面有白色。腹部呈蓝色，到两侧变成紫色。

野生珍珠鸡中较出名的是盔珠鸡。它的鸡冠特别大，像是头盔一样。雄性和雌性盔珠鸡外貌相似。它们栖息在非洲的热带大草原和丛林地带，外形稍有差异。这种鸡后来被引进西印度群岛和其他地区。它们的身长约50厘米。成群活动，在地面上寻找可以吃的植物、种子和昆虫。一受惊吓就逃跑，逼急了就张开翅膀连飞带跳地逃窜。晚上睡在树上。盔珠鸡是一种吵闹的鸟，经常发出刺耳的叫声。窝就在地面上挖成，连植被也很少用。一窝产下12个棕褐色蛋，孵化30天后小鸡出壳。小鸡破出蛋壳以后就活蹦乱跳的，很快就跟着父母到处走。

珍珠鸡头较小，体长50厘米，喙前端呈淡黄色，后部红色，下方左右各有一个红色肉髯，面部为淡青紫色，眼部四周无毛，颈细长，全身羽毛底色为蓝褐色，密布白色斑点

# 白鹭

白鹭属鹳形目，鹭科，全世界只有几种。大多数白鹭有白色的羽毛，到了繁殖的季节，还会长出很长的漂亮羽毛。它们的习性和其他鹭相似。

白鹭喜欢栖息在湖泊、沼泽地和潮湿的森林里，属涉禽类。主要捕食小的鱼类、哺乳动物、爬行动物、两栖动物和浅水中的甲壳类动物。它们把大而不太讲究的窝筑在树上、灌木丛或地面上。

比较常见的大白鹭在亚洲、欧洲、非洲和美洲都能看到，它们的身长约９０厘米，只有背上长羽毛。

牛背鹭产于非洲和西南亚，在南美洲北部和美国偶尔也能看到，是一种小的白身黄足鹭，身长大约50厘米。它们喜欢栖息在地面上，爱和吃草的家畜和野生动物做伴，牛背鹭会吃因为这些动物活动而飞起来的昆虫。

白鹭的羽毛有较高的观赏价值，中国古代人喜欢用它们来装饰服饰，西方人则喜欢用它们来点缀女帽。由于它的羽毛有很高的经济价值，加上白鹭喜欢群居，因此被人大量捕捉，造成数量锐减，几乎陷入灭绝的境地。后来，幸亏人们穿戴和打扮的方式起了变化，加上采取了严格的保护措施，白鹭才幸免于绝种。

产于我国的黄嘴白鹭分布在吉林、辽宁、山东、江苏、浙江、广东、福建等地，属于国家二级保护动物。属于我国二级保护动物的还有岩石鹭、白琵鹭、黑脸琵鹭。

白鹭，羽毛如雪，姿态高雅轻盈，极具观赏性。鹭好静，喜群居，分散觅食于湖畔、河边、塘坝、农田和泽地

# 鹈鹕

鹈鹕属鹈形目,鹈鹕科,鹈鹕属。全世界有 7～8 种鹈鹕。它们栖息在全球许多地区的江河湖泊和海边。有些种类的鹈鹕体长可达 180 厘米,翼展长度可达 3 米,体重 13 千克,是现存鸟类中体型最大的鸟类之一。

鹈鹕以食鱼为生,褐鹈鹕捉鱼的时候,从空中俯冲入水,景象颇为壮观。其他鹈鹕则是像渔船一样,在水面把小鱼都赶到水浅的地方,然后围起来捕捉。

鹈鹕一窝产 1 个至 4 个蓝白的蛋。小鹈鹕在孵化 1 个月后出生。小鹈鹕靠把自己的喙伸到父母的咽喉中吃反刍食物养活自己,3 年至 4 年以后成熟。鹈鹕在陆地上行走的时候样子很傻,但在空中飞行的时候非常潇洒。它们一般成小群飞行,旅途中经常拍动翅膀来协调行动。鹈鹕的雌雄成鸟外貌相似,雄性体形更大一些。

鹈鹕发现鱼群时,马上几十只排成整齐的一队,个个张开大嘴向前游动。包围圈愈缩愈小,最后将鱼群赶到浅水处"歼灭"。这种捕鱼方式效率极高

斑嘴鹈鹕在水中捕鱼时张开大嘴兜水前进,将水和鱼一起兜入喉囊。然后,它们闭上嘴,收缩喉囊,将水从嘴缘挤出,把鱼留在嘴中

最常见的鹈鹕有两种,一种是产于北美的美洲白鹈鹕,一种是产于欧洲的欧洲白鹈鹕。

褐鹈鹕体型比白鹈鹕小一些,体长107厘米至137厘米。它们在大西洋和太平洋的热带和亚热带海岸线上繁殖。原先曾分布于美洲的海岸线上。由于DDT等灭虫剂的大量使用等原因,1940年至1970年期间,褐鹈鹕的数量大量减少,以至于处于濒危状态。后来禁止使用DDT以后,褐鹈鹕的数量有所增加,但仍属保护动物。

分布于我国青海、新疆、河南的白鹈鹕,以及分布于我国长江流域及其以南地区的斑嘴鹈鹕属国家二级保护动物。

# 燕 鸥

　　燕鸥属鸥形目，鸥科，燕鸥属。全球大约有401种，是一类身体苗条，姿态优雅的水鸟。它们在几乎全世界的海岸线和内陆的水域栖息。其中以太平洋地区数量最多。许多燕鸥都是0长距离迁徙的鸟类，最出名的是北极燕鸥。它们在北极区域繁殖，冬天则迁徙到南极地区去过冬，是所有鸟类中迁徙路线最长的。

　　燕鸥的体长在20厘米至55厘米。与鸥相比，它们的身体显得更加苗条，腿更加短，但翅膀更加长，羽毛呈黑白色，有的几乎全黑。各种燕鸥的喙颜色也不一样，有黑色、红色、黄色几种。腿不是红色就是黑色，腿上有蹼。多数燕鸥都有长而尖的翅膀，叉状的尾巴，很尖的喙。

加州小燕鸥是濒临绝迹的燕鸥，个子是北美燕鸥中最小的一种

　　燕鸥有时食昆虫，它们的食物中还包括甲壳类动物和小鱼。所以人们常看见它们从空中俯冲入水，捕捉鱼类。燕鸥成群结队的在海岛上筑窝，一般一窝产两三个蛋，有些种类只产一个。世界各地都有收集燕鸥蛋供人消费的习惯。

　　比较出名的燕鸥有如下几种。

　　黑燕鸥，体长25厘米。黑色的头和下体（腹部冬天的时候变白），灰色和黑色的翅膀。在欧亚大陆和北美的温带地区繁殖。冬天则迁徙到热带的非洲和南美洲。黑燕鸥又叫沼泽燕鸥，因为它们的窝筑在内陆湖边的沼泽地区。

　　普通燕鸥，体长约35厘米。它的头上像是戴着一顶黑色的帽子。红色

燕鸥这种轻盈的海鸟看上去轻得好像会被一阵狂风吹走似的，然而它们却能进行令人难以置信的长距离飞行

的腿,喙也是红色,但喙尖是黑色的。它们在北半球温带繁殖,冬天迁徙到南方的海岸线。

乌燕鸥,体长约40厘米。有白色的前额。上体呈黑色,下体呈白色。在温暖的海岛上繁殖。

粉红燕鸥,一种产于世界各地的燕鸥。在繁殖季节,它们的胸呈粉红色。成年以后,尾巴深叉,头顶呈黑色,翅膀珍珠色,脚红色。

燕鸥常低空盘旋,等待潜水鸟从水中冒出来时,将其捕获

小燕鸥,顾名思义,它是燕鸥中体型最小的一种,身长约25厘米。它在全球除南美以外的温带和热带的海岸沙滩和河滩上繁殖。

燕鸥中,粉红燕鸥和小燕鸥数量逐年减少,已濒临绝种,属濒危动物。

两只正在争食的燕鸥

# 鸢

鸢属鹰科，是一类体型较小的猛禽。头比较小，脸上有点秃，短喙。双翼狭而长，尾巴分叉很深，鸢广泛地分布在全世界气候温暖的地区。有些鸢以昆虫为生；有些食动物的尸体，也食啮齿动物和爬行类动物；有些则专门食蜗牛。鸢善于飞行，它们可以悠闲地拍动双翅，在高空翱翔。好几种鸢的飞行姿势像燕鸥一样优美。

红鸢和黑耳鸢属于比较典型的鸢。前者产于欧洲、中东和非洲的北部。后者在亚洲、欧洲、非洲的许多地区都能够找到。它们是鸢中体型较大的两种，身长大约有55厘米。红鸢有红色的喙（黑耳鸢的喙颜色较深），头上有不很明显的条纹。狭长的翅膀展开以后有一定的角度，尾巴呈锯齿状。

栗鸢，也称婆罗门鸢，分布在从印度到澳大利亚东北部的地区。身体呈栗红色，脸部白色，头部带黑纹。以捕食鱼类和吃腐肉为生，印度人把它当圣鸟。

澳洲鸢脸部呈黑色，主要食蜥蜴，也食鸸鹋蛋。鸸鹋是澳大利亚产的一种大型走禽，是仅次于鸵鸟的大鸟。为了砸鸸鹋蛋厚厚的蛋壳，澳洲鸢得不断地搬起石头来把蛋砸开。

蜗牛鸢只产于美洲。它们有镰刀一样的喙，用来

鸢是鹰的一种，辨认它们很容易：鸢全身羽毛呈暗褐色，在飞翔时，翅上左右各显露出一块白斑，尾是中间凹的叉形，跟其他鹰中间凸的圆形尾截然不同

挖蜗牛肉吃。这是它们唯一赖以生存的食物。其中最出名的当算泽鸢，它们栖息在墨西哥的东部、美国的中部和东南部，在古巴已经很少见到。泽鸢的羽毛呈黑色和石板色，红色的眼睛，尾巴的根部呈白色。身长约50厘米。

美洲的燕尾鸢黑白分明。背和翼均是白色，分叉很大的尾是黑色。身长大约60厘米。在南美洲东部的赤道地区比较常见，但在中美洲和美国的大部分地区也可看到。

非洲的燕尾鸢体型较小，羽毛呈灰色和白色。栖息在尼日利亚到索马里的地区。

白尾鸢，产于阿根廷到美国的加利福尼亚州。据说它是美洲猛禽类鸟类中数量在增加的鸟。它有灰色的羽毛，白色的头和尾巴，腹部和肩膀呈黑色，啮齿动物是它的食物。在亚洲、非洲和澳大利亚的热带地区，也有黑翅鸢属的各种鸢栖息。

鸢类鸟中，拉丁美洲的古巴钩嘴鸢和格林纳达钩嘴鸢属濒危动物。

鸢通常栖息于山丘岩石的表面和山谷间的树木上，几乎各种自然环境都能见到鸢。它们喜在高空滑翔成圈，视力敏锐，一旦看到地面上的猎物就毅然冲下。主要以草兔、田鼠等小型动物为食

# 织布鸟

织布鸟属雀形目,织布鸟科。主要产于非洲。大约有5种栖息在亚洲。顾名思义,织布鸟的特色在于它们能够用草和其他植物纺织出它们的窝来。织布鸟喜欢群居。往往会在一棵树上筑造十几个鸟窝。南非的一种织布鸟的窝里同住多对夫妻,不过每对夫妻都有单独进出的门。典型的织布鸟雄性羽毛呈黑色和黄色。雌性不那么显眼,呈淡黄色或褐色,有些像麻雀。主教鸟是非洲常见的织布鸟,也是一种普通的笼鸟。雄性成鸟黑色的羽毛上点缀着红色、橙色或者黄色。雌性成鸟的样子还很像麻雀。有几种雄性织布鸟在繁殖季节过后会褪去色彩鲜艳的羽毛,变得像雌鸟一样很不显眼。

红嘴奎利亚雀也是一种织布鸟。属织布鸟科,奎科亚雀属。产于非洲干燥的稀树大草原。它既是一种笼鸟,也是非洲大陆最大的农业害鸟之一。样子像麻雀,但有明亮的红喙。

织布鸟中,克拉克织布鸟名列濒危动物名单。

织布鸟的巢很大,可长达几十厘米,高挂在树枝下面,如同摇篮一样

# 犀鸟

犀鸟是亚洲、欧洲、非洲的一类热带鸟类,属犀鸟目犀鸟科。它们的外貌特别引人注目,头骨像头盔,套在突出的喙上面。犀鸟中体型最小的是红喙野村综合研究所鸟,体长约40厘米。最大的大野村综合研究所鸟,身长达160厘米,它是典型的大头、细颈、宽翅膀,羽毛呈褐色或黑色,上面通常都有明显的白色标记。

犀鸟喜欢把窝筑在洞穴里,特别是大树的树洞里。除两种地栖犀鸟外,许多犀鸟在找到做窝的洞以后,雌鸟先进去,然后雄鸟就用泥巴把洞封起来,只留下一个能把食物送进去的小孔。等雌鸟把小鸟孵出来以后,它会把泥巴墙凿穿。不过,为了小鸟的安全,它可能又把窝封起来。

各种犀鸟中,灰犀鸟属濒危动物。

分布在我国云南省等地的白喉犀鸟、棕颈犀鸟、冠斑犀鸟和双角犀鸟均属国家二级保护动物。

犀鸟常栖息于干燥森林中的巨木上,以果实、昆虫为食。图为棕颈犀鸟

犀鸟的眼皮边缘长着长长的睫毛。睫毛在哺乳动物中普遍存在,但鸟类生睫毛是极为罕见的。正是这些独特的外形特征,使犀鸟明显地有别于其他鸟类、形成别具一格的鸟类类群

# 云雀

云雀属雀形目,百灵科,是一类鸣鸟。全世界大约有75种。主要分布在欧洲、亚洲和非洲地区,只有角云雀原产于美洲地区。云雀的喙由于种类的不同,可能有多种多样的形态。有的细小成圆锥形,有的则长而向下弯曲。它们的爪较长,有的很直。羽毛的颜色像泥土,有的呈单色,有的上面有条纹,雄性和雌性的相貌相似。身长13厘米至23厘米。

多数云雀以食地面上的昆虫和种子为生。所有的云雀都有高昂悦耳的声音。在求爱的时候,雄鸟会唱着动听的歌曲,在空中飞翔,或者响亮地拍动翅膀,以吸引雌鸟的注意。原产于欧洲的云雀都先后引进澳大利亚、新西兰、夏威夷和加拿大的温哥华岛。

由于习性和产地的关系,属于雀形目其他科的一些鸣鸟,如草地鹨等也有叫云雀的。这类鸣鸟中,拉扎云雀属濒危动物。

云雀善于鸣啭,生活在草原,能在地面奔跑,还能在空中边飞边唱。在地面的草丛中造巢,夏季在我国北方繁殖,冬季在华南等地越冬。

# 潜 鸭

潜鸭属雁形目,鸭科,全世界有14种到16种。

潜鸭是水栖鸟,有肥胖的身体,大头,善于潜水。可以潜到很深的水下去寻找食物,主要是水生植物。大部分潜鸭翅膀是白颜色的,公鸭有红颜色的头,羽毛呈黑色或者灰色,雌鸭一般是棕色。潜鸭常在芦苇丛中筑窝,雌鸭一窝可产7个到17个浅黄色或深绿色的蛋。冬天,它们多数在海洋和湖泊的岸边度过。

欧洲潜鸭是比较常见的一种。它们在北方湖边的芦苇丛繁殖,冬天在我国的南方和印度、埃及也常出现。

红头潜鸭

红冠公潜鸭有红黄色的大头,毛茸茸的冠毛竖起,喉部和胸部呈黑色,两边呈白色,它们主要栖息在南方的内陆河流和湖泊里。南美洲和非洲的内陆潜鸭呈红褐色。

产于北美的帆布潜鸭因其背羽呈帆布色而得名。有红色的头,黑色的胸膛,两边白色,上面有灰色的线。北美的红头潜鸭像欧洲的普通潜鸭,但体形更大,羽毛更黑。它的圆头和短喙使我们很容易把它和色彩相近的帆布潜鸭区别开来。猎人称红头潜鸭为"笨鸭",因为用一两只真鸭或假鸭做诱饵,就可以把许多红头潜鸭骗过来。

凤头潜鸭,头带特长羽冠。雄鸟黑色,腹部及体侧白。雌鸟深褐,两胁褐而羽冠短

# 美洲鸳鸯

　　美洲鸳鸯又叫林鸭,是北美洲产的漂亮野鸭,也是一种很热门的猎鸟。由于人类的大量捕杀和栖息地遭到破坏,曾经陷入濒临灭菌的境地。后来采取了严格的保护措施,才免于灭绝,但白羽美洲鸳鸯仍然处于濒危的状态。

　　美洲鸳鸯的巢穴筑在离地面15米高的树木上,人工傍山依水用柱子竖起的巢穴,也有助于美洲鸳鸯进行繁殖,使种群数量有所增加。

　　美洲鸳鸯体长45厘米至52厘米,雄鸟和雌鸟的鸟冠都很有特色。雄鸟的鸟冠上有两条纵向的白条纹,头呈紫色和绿色,胸部红褐色,上面点缀着白点。身体两侧是青铜色,很容易辨认。雌鸟的特征是白色的眼眶,身体呈暗淡的灰褐色,喉部呈白色,胸部也有白色的条纹。雌鸟平均一窝可孵12只蛋,小鸟大约在30天后出生。第二天,它们就可以和母鸟一起从15米高的巢穴中跳下来,到地面上来活动。

　　水上昆虫和其他一些小的生物体是美洲鸳鸯的主要食物。成年的美洲鸳鸯也有喜欢吃橡树果和其他果子的。

鸳鸯最有趣的特征是"止则相耦,飞则成双"

# 中国鸳鸯

春天在我国内蒙古和东北北部,秋后在长江以南以至台湾山地中的河谷、溪流,阔叶林和针阔混交林带的沼泽、苇塘和湖泊,以及被水浸没的草原地带,经常可以看到数只或一二十只结成小群的美丽鸳鸯。雄鸟的羽色绚丽多彩,部分兼有金属似的光泽,两翼内侧的两枚三级飞羽扩大成扇形,仿如两片竖立着的船帆。雌鸟的体态也很优美,但羽毛稍逊于雄鸟的华丽。

鸳鸯于春秋两季迁徙。春天在中国北部繁殖,大多筑巢于树洞内,下蛋6—10枚;秋季飞抵南方越冬。在台湾、云南、贵州则是留鸟。它们的食性,一年中略有变化,平时以植物性食物为主,兼吃小鱼和蛙类;繁殖期间则以昆虫、鱼类为主要食物。

鸳鸯栖息于山地河谷、溪流、苇塘、湖泊、水田等处。以植物性食物为主,也食昆虫等小动物

鸳鸯最有趣的特性是"止则相偶,飞则为双",一般认为有偶居不离的美德。因此,鸳鸯历来是夫妻和睦相处、相亲相爱的美好象征。千百年来,在中国文艺作品中,鸳鸯是坚贞不移的纯洁爱情的化身,备受赞颂。"愿作鸳鸯不羡仙"的诗句,就是这一种诚挚情感的流露。在中国古代的著名长篇叙事诗《孔雀东南飞》里,对汉末庐江(今安徽潜山)小吏焦仲卿和刘兰芝的爱情悲剧,作者出于愤慨和同情,最后把他俩的殉情描述成十分浪漫的幻想:双双在连理枝中化为一对形影不离的匹鸟——鸳鸯。也许从那个时候开始,鸳鸯就拟人化了,成为恩爱夫妻的代名词。

福建省屏南县有一条11公里长的白岩溪,溪深水秀,两岸山林恬静,每年有上千只鸳鸯在此越冬,所以又称为鸳鸯溪。这里是中国第一个鸳鸯自然保护区。

# 鹪鹩

鹪鹩属雀形目，鹪鹩科，全世界有59种。鹪鹩是一类体形小而矮胖，羽毛呈褐色的鸟。较典型的鹪鹩是原产于北美的冬鹪鹩，传到欧洲、亚洲和非洲以后简称鹪鹩。体长约10厘米，褐色的羽毛上有黑色的条纹。短喙稍微向下弯曲，翅膀短而圆。

鹪鹩在沼泽地、灌木丛和荒芜的山林中寻找昆虫来吃。它们飞到哪里就叫到哪里，歌声嘹亮。

鹪鹩常栖息于灌丛中，栖止时，常从低枝逐渐跃向高枝。鸣声清脆响亮。终年取食毒蛾、螟蛾、天牛、小蠹、象甲、蟒象等农林害虫，为农林益鸟

许多种鹪鹩把窝安在洞里，有些则筑在灌木丛和凸出的岩石上。雌鸟会在窝里铺上柔软的材料，一般一窝产下2个到10个蛋，每年会生下三四窝。

从加拿大到南美洲南部的火地岛，比较常见的是圣路易斯家鹪鹩。它们的羽毛灰褐两色相间，体长约12厘米。在美国，体形最大的鹪鹩是仙人掌鹪鹩，长约20厘米，栖息在西部的沙漠地区，在墨西哥也很常见。一种小型的林鹪鹩栖息在热带森林中。小泽地鹪鹩栖息在热带和温带的沼泽地带。

美洲东部的卡罗来纳鹪鹩、西北部干燥地区的峡谷鹪鹩和南美的歌鹪鹩（有风琴鸟的美称）是鹪鹩中叫声最妙的。

# 伯 劳

伯劳鸟主要指伯劳科，尤其是伯劳属的许多种鸣禽。它们的共同特点是嘴尖上有钩，以捕食昆虫为主。一些体型较大的昆虫、蜥蜴、老鼠，都是它们捕捉的对象。抓到的食物常被它们钉在荆棘上，故又有屠夫鸟之称。羽毛一般是灰色或淡褐色，翅膀和尾为黑色并带有白色的斑点。

加拿大和美国出产的大灰伯劳，又叫北方伯劳，是伯劳鸟中分布最广的一种。体长24厘米，体毛呈黑色。呆头伯劳是美洲出产的另一种伯劳鸟，外貌与大灰伯劳相似，但体形较小。

产于欧洲的几种伯劳鸟多为红色或褐色。

丛伯劳产于非洲，有40多种。体长有16厘米至21厘米。羽毛色彩鲜艳，喙也不像其他伯劳鸟那么尖利，尾部有长而柔软的羽毛。四色丛伯劳上体呈绿色，下体金黄色，有红色的喉咙和黑色的边，非常好看。丛伯劳以捕捉昆虫为生，常躲在树丛中进行伏击。

产于美国圣克利门蒂岛的伯劳鸟属于濒危动物。产于坦桑尼亚乌卢古鲁山的乌卢古鲁丛伯劳也已濒临灭绝。

伯劳大都栖息在丘陵开阔的林地。常栖于树顶，到地面捕食，捕获后复返回树枝；常将猎获物挂在带刺的树上，在树刺的帮助下，将其杀死，撕碎而食之

# 燕尾凤蝶

燕尾凤蝶分布在除北极以外的世界各个地区，属鳞翅目，凤蝶科。凤蝶科的蝴蝶只是因为后面的翅膀延伸出去，像是燕子的尾巴一样，才有了这个名字，其他大多数都没有尾巴。

燕尾凤蝶的色彩格调各异。多数蝴蝶在彩虹一般的黑色、蓝色、绿色等背景上，有着黄色、橙色、红色或者蓝色的花纹。两性都有随着季节变化的色彩。许多种燕尾凤蝶还有着其他猎食者不喜欢的蝴蝶的色彩，借以保护自己。

燕尾凤蝶的幼虫以植物为生，它们的色彩明亮。有的胸部长着像眼睛一样的黑色和黄色的斑点。整个样子看上去像是蛇的头一样。有的幼虫在受到骚扰的时候还会分泌出一种难闻的气味。

燕尾凤蝶的色彩格调各异，多数蝴蝶在彩虹一般的黑色、蓝色、绿色等背景上，有着黄色、橙色、红色或者蓝色的花纹

# 鸽 子

鸽子的祖先是野生原鸽，早在几万年以前，野鸽子成群结队地在海岸险岩和岩洞峭壁筑巢

鸽子的翅膀较小，胸部肌肉发达，两腿短健有力，善于在地面快速行走，是一类中型的鸟，体长约30厘米。

还在小鸽子啄蛋壳时，老鸽子嗉囊里就已经准备好营养丰富的鸽乳。小鸽子一出生，老鸽子就把小鸽子的嘴噙在自己嘴里，把鸽乳一点一点吐给小鸽子。一个星期以后，老鸽子开始给小鸽子喂食。方法还是一样，把小鸽子的嘴噙在口里，一点一点地喂，不过喂的是老鸽子吃过的东西。这种情形要持续一个来月，小鸽子才学会自己吃食。

鸽子飞翔本领高，而且记忆力强、视觉敏锐，并且有强烈的恋巢性，即使带到离巢上千米的地方放飞也能飞回，飞行速度每小时70千米至80千米。

鸽子在长距离的飞行中，也会遭到一些麻烦和不幸，如台风的袭击、猛禽的追杀，以及猎人的射击。

鸽子能从千里之外飞回故巢，并不是由于它视力好和记忆力强。有人曾将鸽子装在一个严密遮挡的笼子里，根本无法看到外面的环境，带到一个陌生的地方放飞，结果它们照样能轻而易举地找到回家的方向。

鸽子之所以能从千里以外归巢，是因为它具有内在的十分精密的导航系统。鸽子两眼之间有一个高高突起的地方，可以测量地球磁场的变化，可以根据太阳和星星的位置辨方向。

鸽子不但视力敏锐，记忆力强和善于飞行，而且意志坚强，服从指挥，经过训练的鸽子除了参加竞翔比赛，还有其他许多用处。它们可以用来传达军令、传递情报、寻找海上遇难者、传递邮件等。

信鸽是鸽子家族中的一种，它们在古代是最可靠的信使，即使在现在，它们还是送绝密文件的高手。用无线电发放信息，有被截获的可能，而鸽子送信的失败率很低。

鸽子习惯于群居生活

# 青蛙

青蛙和蟾蜍同属于无尾目,它们分布在除最干燥的沙漠以外的几乎所有地区。不过,绝大多数种类的青蛙都集中在温暖潮湿的热带。

青蛙的皮肤光滑湿润,眼睛突出,眼睛的后面有露出来的耳膜。成年的青蛙没有尾巴,它们的后腿长而健壮,能够跳得很远。许多种青蛙脚上有蹼,是天生的游泳健将。

大多数青蛙,特别是雄青蛙很喜欢叫。青蛙吸入的空气从喉中经过,使发声器官振动,从而发出叫声。不同种类的青蛙发出的声音也不同。喉中有空腔的一种雄青蛙叫声特别响亮,当它们用叫声来吸引异性的时候,空腔膨胀得很大。

青蛙的舌根长在嘴巴的前面,而不是后面,上面有一层黏液,有助于捕获食物。

像大多数的两栖动物一样,许多青蛙都经历过像鱼一样的幼虫时期。有些青蛙把它们的卵产在水中,也有些产在水面和潮湿的地面植被上,有些索性背在背上。青蛙的繁殖季节根据物种和分布地区的不同而不同,一般都是在春季或者夏季的雨季。虽然它们分布的区域不一样,但大多数都是比较潮湿的地区。青蛙能够呼吸空气,也能在水中停留很长的时间,通过皮肤来呼吸。树栖青蛙适应在树上生活。许多青蛙栖息在地下,只有在觅食和繁殖的时候才到地面上来。青蛙的体温和所有的两栖动物一样,随

青蛙的形态适应于水陆两栖的生活方式,常栖息于池塘、小河、水田里

周围环境而变化。在寒冷地区,它们会在泥土中冬眠。特别热的时候,有些种类的青蛙,如栖息在澳大利亚的几种青蛙,还会"夏眠"呢!这时候,它们会把自己埋在土里,一副昏昏欲睡的样子。

青蛙主要捕食昆虫、蠕虫、蜘蛛、蜈蚣。水栖青蛙有时也会捕食其他青蛙、蝌蚪和小鱼。大的青蛙也捕食老鼠和小蛇。

青蛙是消灭害虫的能手,一只青蛙一天大约要吃70只虫子

青蛙对人类的益处是多方面的。它们有效地抑制森林、农场和园林里的害虫数量。全世界的许多地区为了这个目的,积极引进多种青蛙。很久以前,青蛙就是人们饭桌上的佳肴。青蛙也是生理和医学实验室里进行解剖和研究的重要标本。因为它们的骨骼、肌肉、消化系统、神经系统及其他组织和高等动物相似。

调查结果表明,大约从1980年开始,全球的青蛙数量不断下降。而且根据北美地区的调查,还出现了许多畸形的青蛙。这些青蛙形状古怪,不是多一条(或几条)腿就是少一条(或几条)腿。生物学家现在还不能肯定青蛙数量下降和畸形青蛙数量增加的原因。可能的原因有气候变化、酸雨、臭氧层损耗、栖息地遭破坏、寄生虫、污染、杀虫剂、盲目引进外来物种等。

一只正在吸引配偶的青蛙

# 鳟鱼

畅游河间的金鳟鱼

鳟鱼属鲑形目,鲑科,是一类很有价值的垂钓鱼和食用鱼,全世界大约有10种。

它们通常都栖息在淡水中,有几种鳟鱼到繁殖季节会游入海中。鳟鱼和大马哈鱼同目同科,有亲密的亲缘关系。现在不少地方都很重视人工繁殖和饲养鳟鱼。

鳟鱼主要属于两个属,大马哈鱼属和红点鲑属。大马哈鱼属包括大马哈鱼和几种鳟鱼,红点鲑属包括几种也可以称为红点鲑的鳟鱼。这两属鳟鱼的区别主要在于它们身体的颜色不同,嘴上面的犁骨及牙齿的形状不一样。红点鲑属鳟鱼在比较黑的肤色上有红色或者乳白色的斑点,红点鲑的身形不是平直的。大马哈鱼属的鳟鱼肤色比较淡一些,上面有红色或者黑色的斑点,牙齿比较稀疏。

伏在水底里的两条红鳟鱼

由于生理结构不规则,身体的颜色和大小不同,鳟鱼是最难分类的鱼类之一。加上人工饲养和杂交及外来品种的引进,使得鳟鱼的分类更加复杂。有几种原先划归斑鳟属的鳟鱼现在普遍认为应划归大马哈鱼属。褐鳟鱼是现在唯一划归斑鳟属的鳟鱼,也是鳟鱼中的濒危物种。

鳟鱼一般栖息在比较凉的淡水中,尤其是湍急的溪流和较深的池塘里。原先主要产于北半球,现在被广泛地引入世界各地。它们的食物主要是昆虫、小鱼和它们的卵,以及甲壳类动物。鳟鱼在春天和秋天产卵,雌鱼在河底砂砾层中挖出洞来,然后把卵产在洞里。那些栖息在海中的鳟鱼也会返回内河产卵,卵孵化的时间是2个月到3个月,刚孵出来的小鱼苗离开洞以后,依靠吃浮游生物为生。

红点鲑属鳟鱼包括溪鳟、湖鳟、海鲑等几种,大马哈鱼属包括虹鲑、山鳟、金鳟等几种。

金鳟是一种色彩很漂亮的鳟鱼,生于北美洲西部高山地区清澈的河流中。欧洲海鳟原先是欧洲比较常见的鳟鱼,现已广泛地引进世界各地适合于它们生长的水域。

由于鳟鱼是许多人理想中的垂钓和食用鱼,世界各地每年都大量捕捞,因此全世界大多数野生山海鳟、山鳟等鳟鱼数量都在锐减,陷入濒危状态。

鳟鱼是一种非常特殊的淡水鱼,大多数定要在山间的活水里才能生存

# 蝎

蝎是肉食性的节肢动物，与蜘蛛是亲戚，但它的形态不像蜘蛛。

蝎浑身全副武装，周身披着壳质的铠甲，有起瞭望作用的单眼和复眼及六对行动灵活的附肢。第一对钳状附肢叫螯肢，第二对是巨大的螯足叫脚须。当双螯举起时，好像强有力的铁掌，是捕捉猎物的工具。其余四对是用来奔跑的步足。蝎的腹部较长，分布明显，前腹七节、较阔，后腹五节、较窄，末端有一球体，内藏毒液，突起部分形成尾刺，高高举起，活像一把战刀。

世界上所有暖热的地区，特别是沙漠，都能发现蝎子

蝎昼伏夜出，在夜里全副武装，耀武扬威。一旦遇到猎物，立即用脚须钳住，尾巴钩转，用尾刺注射一针，将猎物毒死。它依靠一对大螯和一个尾刺捕食蜘蛛或昆虫等，耍尽威风。

蝎子属于肉食性动物，以各种节肢动物为食，如各种昆虫、陆生软体动物等，尤其喜食柔软、多汁含蛋白质丰富的小动物

蝎种类较多，分布在墨西哥和印度尼西亚、印度等地的毒蝎能致人死亡。蝎不仅对猎物凶猛，而且对"亲人"也很残忍。交配前，雌雄蝎脚须相钳，交臂跳舞，可持续数小时之久。然而，一旦雄蝎完成授精作用，雌蝎就凶相毕露，一口咬死雄蝎作为食物。有趣的是蝎对后代却倍加爱护，蝎是胎生的，产下的小蝎往往攀登在母蝎背上，逍遥自乐。母蝎负子而行，极尽保护职责。

蝎是一味重要的中药材，全蝎能入药，有镇痉、止痛、解毒等功能。

# 蜗　牛

蜗牛总是背着漂亮精巧的"小楼房",在潮湿的地方爬行寻食。每当高温干旱季节,它便躲进自由舒适的"小楼"里避暑——"夏眠"。这时蜗牛能分泌一种黏液,把壳口封闭起来,以抵御烈日炎炎的酷暑。每到晚秋季节,它又开始搬家,常爬到石缝、洞穴中或钻到地下隐居起来。然后又重新躲进小楼,再分泌黏液,封闭壳口,抵御寒气,这样在冬眠中度过寒冬腊月至次年春天。

蜗牛的耐饥能力很强。实验表明,蜗牛四年不吃东西仍能存活。

蜗牛多栖息于阴暗潮湿、多腐殖质的地方。白天害怕阳光直射,总躲在"小楼"里,夜间才出来寻找食物。它的食物主要是蔬菜、果树的嫩芽和植物的根、叶,所以对农业有害。

蜗牛是一种软体动物,属腹足纲,肺螺亚纲。它的内脏器官全都埋藏在螺壳内,行动时,则从壳口伸出扁平而柔软的块状足匍匐前进。由于足底有腺体,行走时能分泌黏液,所以蜗牛爬过的地方都会留下痕迹。蜗牛的爬行速度极慢,但能顺原路返回。

蜗牛雌雄同体,却要进行异体交配来完成受精作用,每年的春季到秋季,都是蜗牛的繁殖季节。蜗牛卵生,每年可产卵数次。小蜗牛出生便能自行觅食。

已经知道的蜗牛有2.5万种,世界各地都有分布。它们虽然是间歇性农业害虫,也是某些寄生虫的早期宿主,但一些大型种类的肉可以食用,可制作美味佳肴,所以人工养殖食用蜗牛已很普遍了。

当蜗牛受到敌害侵扰时,它的头和足便缩回壳内,并分泌出黏液将壳口封住;当外壳损害致残时,它能分泌出某些物质修复肉体和外壳

# 犀牛和犀牛鸟

非洲犀牛身体庞大，四肢粗壮，皮肤坚硬，体重可达1 500千克，头上长着两只奇怪的角，一前一后，前大后小。大角约有90厘米长，以此攻击敌人，任何猛兽都不是它的对手。这样一位蛮横凶猛的家伙，居然也有一位知心的小朋友——犀牛鸟。说来也怪，它们总是和和睦睦，朝夕相处。

原来，犀牛的皮上有许多皱褶，其中的皮肤非常娇嫩，神经、血管密布其间，加上它喜欢在水泽泥沼中生活，时间久了，皱褶里就钻进了各种寄生虫，叮咬它的皮肤，疼痒难忍。停歇在犀牛背上的犀牛鸟，嘴巴尖长，身披黑羽。它们结成小群，无拘无束地在犀牛背上走来跳去，不停地在犀牛的皮肤皱褶处觅食小虫，有时它还毫不客气地爬到犀牛的嘴巴或鼻尖上去。犀牛之所以对犀牛鸟这样客气，是因为它们在为自己啄食寄生虫。

犀牛眼睛很小，视力很差，听觉也不灵敏。所以每当发现险情时，犀牛鸟便会立即向自己的伙伴发出警报，先是跳到它的背上，然后飞起来，大声啼叫并在上空盘旋。所以有人又把犀牛鸟称为犀牛的"警卫员"。

犀牛是极其珍贵的稀有动物，现在主要有生活在非洲稀树草原的黑犀牛、白犀牛和生活在亚洲热带密林中的印度犀牛、爪哇犀牛、苏门答腊犀牛。

犀牛是至今生存在陆地上的体形仅次于大象的庞大哺乳动物，它的大部分时间都在吃草

# 石龙子

　　石龙子，又叫小蜥蜴，全世界大约有1 275种，属石龙子科（世界性分布的侧生齿蜥蜴的一个科）。主要分布在热带地区及北美的温带，其中以东南亚及其附近岛屿的种类最多。石龙子的躯体是圆筒形的，头是锥形的，尾巴又长又尖。体长一般在20厘米以下，最长的也有超过66厘米的。它们栖息在地底下或者洞穴里。眼睛覆盖着一层透明的鳞片，取代活动的眼睑，在掘洞的时候也不怕沙粒伤害自己的眼睛。

　　石龙子中也有树栖和水栖的，它们都吃昆虫和小的无脊椎动物。体形较大的种类是草食性动物。有些种类的石龙子产卵，有些则在体内把卵孵化，再生下小石龙子。

　　棱蜥属石龙子是石龙子中最常见的一种，它们属于半水生动物，分布在东南亚到澳大利亚北部的地区。南石蜥属石龙子有105种，属于地栖动物，广泛地分布在全世界的热带地区。沙石龙子栖息在地洞里，分布在非洲北部和亚洲南部的沙漠中。细长石龙子有300多种，它们有厚实的尾巴，腿有些退化，眼睑部分透明，分布在亚洲和非洲的热带地区。蛇眼石龙子的色彩变化最为丰富，分布在全球的热带区域。斑纹石龙子大约有60种，大部分身上都有纵向的条纹，它们是北半球温带地区除欧洲以外最普通的石龙子。

石龙子主要以陆地生活为主，但也有些是树栖，或是半水栖，或是穴居，大多数是完全只吃食昆虫或其幼虫

# 金丝猴

在中国四川省西部、北部山地和陕西省秦岭南坡海拔2 000米至3 000米的亚高山地带，云杉、冷杉、槭、桦、箭竹、杜鹃等丛生的原始针阔混交林里，有时听到远远传来咔嚓、咔嚓声。走近些，能辨出是攀折树枝的声音，却听不到任何动物叫唤声。远眺，只见皑皑白雪覆盖着山林，这里一年中有近半年存在积雪，山境显得格外幽静。近看，在林海中抬头留神观察，才能见到树枝间穿梭闪跃而过的金灰色猴子。它就是世界上鼎鼎有名的金丝猴，无论野生或饲养的，都只有中国才有。

金丝猴身被长毛，浓而厚的金灰色或金黄色背毛，长度可达20多厘米。脸庞呈蓝色，面型纯朴和蔼。还生了一对朝天翘的鼻孔，所以又得了个"仰鼻猴"的名字。这个鼻子给它增添了憨厚稚气的神情，更惹人喜爱。

初生的金丝猴幼崽的毛呈乳黄色。一岁以后黑色的冠毛逐渐增多，颈侧开始有黄红色的金毛，背毛为黑褐色。随着年龄的增长，毛色继续变化，到两岁以后，全身毛色变为金黄，头顶、背部还有些黑褐色，四岁左右成熟。雄猴体大魁梧，身强力壮，更是漂亮；雌猴较为斯文苗条。

金丝猴有十几只一群的，也有几百只一群的。群内老幼雌雄都有，大群中还分小群，好似一个大家庭。成群游荡，徐徐迁移，各群都有一定的活动范围和相对稳定的路线，周年来回迁移寻找食物。以树叶、野果、嫩枝芽为食，甚至连苔藓植物也吃。

金丝猴共有三个亚种。除普通金丝猴以

优越的地理位置和湿润多雨多雾的小气候，使神农架成为了金丝猴生活的天堂

金丝猴妈妈怀里揣着可爱的金丝猴宝宝

外,其他两个亚种,一个是产在贵州省东北部梵净山的灰金丝猴(又名灰丝猴、黔金丝猴),另一个是产在云南省的黑金丝猴(又名黑丝猴、滇金丝猴)。它们的分布范围更小。虽然这三个亚种的栖息地都处于亚高山地带,自然条件十分相似,可是它们的毛色,由北至南,一个要比一个深,似乎与很多动物的毛色随着自然地带温湿日照递增而变深暗的规律相似。

黔金丝猴体形与金丝猴相似,脸部呈灰白色或浅蓝色,体毛灰白色,毛尖黑褐色,两肩之间有一块白斑,因而又称灰金丝猴,是中国的特有种。栖息于亚热带山地阔叶林中,仅分布于贵州梵净山,范围十分狭窄,总数不过几百只。黔金丝猴主要在树上活动,有季节性分群与合群的习性。滇金丝猴最大特征是头顶有尖形黑色冠毛,鼻端深蓝色,眼周和嘴唇肉粉色。毛色比较单调,背、体侧均为灰黑色,因而又称黑金丝猴。栖息于海拔3 000米以上的高山针叶林带,仅产于滇西北和藏东南部,是猴类中栖息地海拔最高的种类,冬季到海拔较低处活动。取食针叶树嫩芽、松萝及竹笋。

普通金丝猴有动物园饲养展出,灰金丝猴和黑金丝猴则更为稀少,没有展出。最早的饲养记录是1968年年初,北京动物园饲养一头雌性灰金丝猴,存活了三年,并曾与普通金丝猴交配,产崽一只。

由于金丝猴毛色绚丽,毛皮可制作高级的装饰品,过去滥遭捕杀,种群的生存受到威胁。有关部门已予以保护,自1963年先后在四川、贵州、湖北、陕西建立保护区,严禁捕杀。

金丝猴群聚生活,靠游曳树枝行动。主食植物的果实、种子、花、芽、叶及嫩枝条等,也掏食鸟蛋

# 梅花鹿

"马身羊尾,头侧面长,高脚而行速,牡者有角,夏至则解,大如小马,黄质白斑。"梅花鹿是中国最早利用其鹿茸制药和驯养的野生动物之一,因而古时就有确切的描述。

梅花鹿过去广布中国各地,但现在仅残存于吉林、安徽南部、江西北部、浙江西部、四川、广西等有限的几个区域内。台湾亦分布有一个特有亚种。梅花鹿栖息于灌林而有杂草丛生的丘陵区,群栖,常一二十头在一起活动。其活动范围与植被、地形有关,一般为数十平方千米,栖息地较固定,在没有受到干扰的情况下,通常不易地,即使受惊外逃,也多数不久便返回原地。

雄梅花鹿多单独活动,秋末冬初繁殖季节,雄梅花鹿经过激烈的斗争,胜者占有雌梅花鹿。4月至6月产崽,每胎一头,偶尔两头。

中国古书记载,服用鹿茸有"补精髓、壮肾阳、健筋骨"之功效。古人当然不了解其成分,只是通过实践而认识其功用。当时的解释也颇有意思,认为"凡含血之物,肉差易长,筋次之,骨最难长。故人年二十骨髓方坚。唯麋鹿角,自生至坚,无两月之久,大者至二十余斤,计一日夜须生数两。凡骨之生无速于此。故能补骨血,益精髓。"他们注意到鹿角骨质生长异常迅速,一定会有某种特殊的物质在起作用。现在经分析和临床证明,鹿茸含有内分泌素——鹿茸精等,确有增强人体各种机能的作用,已成为公认的滋补强壮药物。为了既保护野生群而又能发展鹿茸生产,现已普遍采取饲养和放养。台湾亚种则自1969年野外最后一次发现之后,再也没有记录报导,可能已在野外灭绝。

梅花鹿喜欢在平旷的灌木林和森林边缘栖居,很少进入高山密林之中

# 野牦牛

产于中国的牦牛早已驯化为家畜,成为青藏高原的主要运输工具。令人高兴的是,中国还保存着野生牦牛资源。

野牦牛只分布于青藏高原及其附近地区,比家牦牛大得多,肩部也特别高耸。体长200厘米至280厘米,肩高160厘米至180厘米,体重在500千克以上,而家牦牛很少有超过300千克的;野牦牛在两肩之间、背正中有突起的隆肉,背部体毛黑褐色,而家牦牛却杂有白色。野牦牛雌雄均具角,四肢粗短,蹄大而圆,蹄甲尖小,但特别强硬,头和躯体背面的毛短而光滑,喉、颈、腹、体侧及尾部均具长毛,腹毛可长达70厘米,除鼻吻部周围有少许白毛以外,全身呈暗褐黑色。它的四条本来不很高的腿,由于被下垂的长毛覆盖,更显得短小,身上拖拖拉拉的长毛,看来有碍于活动,然而在冰天雪地里卧下休息,厚厚的毛层起着衬垫御寒的作用。这种长相令人生畏的庞然大兽,其性格却相当温顺。

野牦牛是典型的高原动物,生活于海拔3 000米至6 000米的高原地带。冬季到较低的地方,夏季又回到高山地带。集群生活,数十头一群,有时甚至达几百头,晨昏活动。野牦牛生活在高山大岭最险峻和最荒凉的环境,不怕寒冷和雨雪,既耐寒,又耐饥,常以粗草为食,且能耐稀薄的空气。清晨和傍晚活动,夏季有时需下山饮水,冬季则以冰雪解渴,忍耐力极强。

野牦牛生性好群居,七八头至数十头成群,由一头大公牛率领,其余公牛仅三四头结伴,或独自活动。野牦牛靠灵敏的嗅觉和山高路险的荒凉环境逃避捕猎。

秋季发情,繁殖期结成4头至6头的小群,由一头公牛和3头至5头母牛组成。孕期9个月至10个月,春夏产犊,每胎一仔。发情期被斗败的野公牦牛,有时会闯入家牦牛群中,把家公牦牛赶走,霸占牛群,甚至还"拐引"家牦牛出走。

野牦牛终年以游荡的方式栖息于人迹罕至的高山峻岭、山间盆地、高原草原等环境中。多集中分布于唐古拉山、阿尔金山、祁连山西段

# 羚 牛

羚牛是中国西部特产的珍稀动物。因躯体硕大,体重足足有300千克,外貌又像牛,故产地居民称它为野牛。成年后,角向后扭曲,因而又称"扭角羚"。

羚牛生活在海拔2 000米至4 000米高山森林或草甸上。西藏和云南西部的毛色深褐,青海、四川的为红棕色,秦岭的则呈淡棕黄色,略带金色光泽,有"金毛羚牛"之称。

在秦岭太白山,无论是针叶林还是混交林,或是竹林丛生处,都是羚牛可以活动的场所。活动范围大,常可扩及百余公里。羚牛喜群居,冬季多为二三头的小群,夏季集成10头左右、有时多达30头至50头的大群,各群都有雄牛带领。春季高山仍处于冰雪封冻时,牛群则迁入草木开始萌发生长的低谷,待夏季气温上升时,再迁至高山。

羚牛垂直迁徙时,上山成一条线,由牛"司令"带领,成年公牛在前,雌牛在后,牛犊夹在中间,一头接一头,秩序井然地登山。下山时,则散开成扇形。

羚牛白天采食多种植物。地面食物缺乏时,能站起来用前肢搭在树干上采食高处的树叶。牛群休息或吃草时,常有一头公牛在高处警戒,发现敌害,就用上下唇发出"吧——吧——"声的信号,然后带头奔逃。

羚牛于6月至8月发情,翌年2月至4月产崽。每胎多为一犊,偶产两犊。

羚牛一般栖住在2 000多米以上的高山,夏季可到4 000多米以上的高山生活,主要吃草本植物,对盐有特殊的嗜好。它们过着群栖生活,善于爬山越岭